深部缓倾斜厚大金矿床
安全高效机械化开采技术

孙晓刚　王　瑜　付建新　著

U0323111

北　京
冶　金　工　业　出　版　社
2023

内 容 提 要

本书详细介绍了胶东半岛金矿资源的地质特征,并以焦家金矿为例探讨了缓倾斜厚大金矿床开采现状,进一步提出了深部缓倾斜厚大金矿床安全高效机械化开采技术等。

全书共分 7 章,主要内容包括:焦家金矿概况、深部节理硬岩强度特征与损伤演化规律、深部围岩节理裂隙统计分析及围岩稳定性分级、不同充填接顶率围岩变形规律研究、缓倾斜厚大矿体采矿方法多属性决策优选、采场结构参数与开采顺序动态优化、采场结构参数与开采顺序动态优化。

本书可供从事矿山工程的技术人员、管理人员阅读,也可供大专院校有关专业的师生学习参考。

图书在版编目(CIP)数据

深部缓倾斜厚大金矿床安全高效机械化开采技术 / 孙晓刚,王瑜,付建新著 . — 北京:冶金工业出版社,2023.8
ISBN 978-7-5024-9625-8

Ⅰ.①深⋯ Ⅱ.①孙⋯ ②王⋯ ③付⋯ Ⅲ.①金矿床—厚矿体采矿法—机械化 Ⅳ.①TD863

中国国家版本馆 CIP 数据核字(2023)第 163343 号

深部缓倾斜厚大金矿床安全高效机械化开采技术

出版发行 冶金工业出版社		**电 话** (010)64027926
地 址 北京市东城区嵩祝院北巷 39 号		**邮 编** 100009
网 址 www.mip1953.com		**电子信箱** service@mip1953.com

责任编辑 郭冬艳 美术编辑 吕欣童 版式设计 郑小利
责任校对 梁江凤 责任印制 禹 蕊
三河市双峰印刷装订有限公司印刷
2023 年 8 月第 1 版,2023 年 8 月第 1 次印刷
710mm×1000mm 1/16;13.25 印张;257 千字;201 页
定价 89.00 元

投稿电话 (010)64027932 **投稿信箱** tougao@cnmip.com.cn
营销中心电话 (010)64044283
冶金工业出版社天猫旗舰店 yjgycbs.tmall.com
(本书如有印装质量问题,本社营销中心负责退换)

前　　言

　　矿业是人类文明演变和社会经济发展的重要组成部分，对经济和社会发展具有巨大的推动作用。随着部分地区浅层矿床资源逐渐枯竭，为了满足资源需求，人们转向深部开采。深部矿床蕴藏着丰富的矿产资源，能够提供多样化的矿产供应，满足市场对不同矿产的需求，促进区域经济的多元化发展。通过深部开采，可以获取更多关于地下构造和矿床特征的信息，这有助于加深我们对地球内部结构和地质演化的认识，推动地质科学的进步。由于地下较深处的位置，矿体所处的地质环境相对复杂，岩体结构可能较为疏松、断裂和节理发育程度高，使得矿石的稳定性变差，存在塌方、坍塌等地质灾害风险，给开采工作带来一系列的工程难题。同时开采技术难度大，所需的投入与风险相对较高，开采成本也会相应增加。深部开采往往需要更高的能源消耗和设备维护成本，以及较长的开采周期。因此需要不断研发新的采矿设备、工艺技术和安全管理手段。这促进了工程技术的突破和创新，推动了自动化、智能化和绿色环保等领域的发展，同时也带动了相关产业链的升级和优化。深部矿产开采还有助于实现资源的有效利用和循环经济的推进。通过综合开发和回收利用，能够最大限度地提高矿产资源的利用效率，减少资源的浪费和环境的破坏。这对构建可持续发展的矿业模式，推动经济的绿色发展和循环经济的实现意义重大。

　　深部缓倾斜厚大金矿床是指位于地下较深处、倾角较缓、矿体较厚且隐藏丰富金矿资源的矿床，其开采技术难度大，岩体赋存条件复杂，安全风险高，经济效益低。在开采过程中所产生的地压灾害、突水灾害、高应力、强扰动等严重影响采场围岩稳定性，加剧顶板失稳破坏风险，以及采空区处理及地表设施保护等问题，这些严重制约了深部矿体开采进程。缓倾斜厚大矿床开采具有以下显著特征：首先，顶板控制难度大。由于这类矿床的赋存环境复杂，采场地压和区域地压问题较为明显，常常发生局部或区域性地压灾害。传统的支护方法效果不佳，导致岩层控制和采空区处理变得困难。其次，采场结构参数和开采技术指标存在问题。由于该类型矿床的工程地质环境较差，采场布置方式和采场结构参数的选择相当具有挑战性，进而导致矿石回采技术经济指标不尽如人意，这会导致资源的利用效果不理想。此外，目前针对这类矿床开采的成熟技术相对较少，开采作业中浪费了大量矿产资源，这些资源的损失通常是永久性的。由于缺乏适应这种矿床特点的成熟技术，对矿产资源的高效利用成为一项难题。

为了提高这类矿床的开采效率和安全性，本书系统地研究了深部缓倾斜厚大金矿床安全高效机械化开采技术。以胶东半岛焦家金矿为例，详细介绍了该矿床的地质特征、工程地质条件、水文地质特征等基础资料，分析了目前该矿床开采技术现状及存在的问题。深部缓倾斜厚大矿体开采面临的主要问题是：深部岩体损伤演化及强度劣化机理不明确，与浅部岩体不同，由于深部地应力作用，岩体节理裂隙发育十分复杂，室内试验获取的基础力学参数不能完全表征岩体力学行为；岩体稳定性分级不准确，对于深部缓倾斜岩体，传统 RMR 分级法中岩体质量指标 RQD 和节理间距两项指标较难精准获取，其受节理方位及测量角度影响较大，分级不准确导致顶板控制难度加大；顶板支护技术较为落后，面对顶板在断层存在的情况下有发生整体垮冒的风险，传统支护手段难以解决此类问题；采矿方案需要优化，焦家金矿现有采矿方法为上向水平进路充填法，其回采顺序较为传统，开采方式较为简单，采场结构参数较为单一，难以适应焦家金矿深部复杂矿体的回采工作。

本书从理论和实践两个方面对深部缓倾斜厚大金矿床的安全高效机械化开采技术进行了深入探讨和设计。在理论方面，通过大量的实验和分析，揭示了深部节理硬岩强度特征与损伤演化规律，研究了矿区节理裂隙分布情况以及矿岩稳定性分级。此外，还建立了相应的数学模型和计算方法，解决了充填体与围岩相互作用机理及强度匹配等关键科学问题。在实践方面，本书选取了焦家金矿作为研究对象，利用现场数字摄影测量技术对其深部缓倾斜厚大金矿体进行了结构面统计分析和关键块识别。根据修正后的 RMR 围岩稳定性分级法，对围岩进行了稳定性评价和力学参数计算。然后，在此基础上，本书选择了适合焦家金矿的无轨机械化开采方法，并进行了数值模型的建立和优化设计，包括采切、回采工艺、结构参数、支护方式等内容。通过对回采方案的确定和经济技术指标的评价，本书展示了该开采技术在焦家金矿的实际工业应用和效果。

　　本书是作者多年从事深部缓倾斜厚大金属矿床开采技术科学问题攻关与工程实践的成果总结，具有较强的理论指导意义和实用价值，相信本书对矿业工作者和相关领域的研究人员具有重要的借鉴作用，将有助于深部大矿床开采技术的进一步发展和创新。

　　由于作者水平所限，书中不妥之处，敬请广大读者批评指正。

著　者

2023 年 8 月

目　　录

1 焦家金矿概况

1.1 地理位置、交通和区域经济

焦家金矿位于山东省莱州市境内，焦家村西北侧。临烟潍公路2km，焦家金矿区域地理坐标为：东经120°06′46″~120°10′，北纬37°23′~37°26′。焦家主矿区范围面积25km²，望儿山矿区范围面积24km²。两矿区内有烟潍公路通过，向南经莱州市至潍坊火车站126km，向北经龙口港至烟台市145km，水陆交通方便。

矿区地貌属山地丘陵区，东高西低，西邻莱州湾，地势平缓，属滨海平原。矿区东部是以剥蚀作用为主的丘陵区，标高一般为40~60m，东部望儿山海拔177.39m。地形坡度大，坡降一般为6.9%，沟谷发育，基岩裸露；西部为山前冲洪积平原，地面标高22~35m，地势平缓，向西北倾斜，坡降约0.6%。

焦家金矿床正位于丘陵和平原的结合部位，望儿山金矿床位于望儿山西坡。两矿床离渤海的最近距离约6km。

矿区范围大、中型金矿密布，有新城、河东、河西、望儿山、金城、三山岛等矿山。发达的采金业已成为本地区的支柱产业。农业生产以种植业为主，主要农作物有小麦、玉米、花生等。乡镇企业发达，近海捕捞及海产品养殖方兴未艾。

区内气候温和，年平均气温12.4℃，属大陆季风性气候，平均雨量600~700mm，区内无大水系，雨季呈径流，旱季常干涸。年平均降水量595.77mm，降水多集中于7~9月份，降水量占年降水量的60%以上，年平均相对湿度63.87%，最大冻土深度0.68m。

1.2 区域地质概况

矿区在大地构造上处于新华夏系第二隆起之胶东隆起地区，西距郯庐断裂带约30km。以胶东群地层为主体形成的复式褶皱带，构成区内构造的基本骨架。基底构造主要表现为东西向断裂和早新华夏系的北北东—北东向断裂，其中北北东—北东向断裂最为发育，是区内控制金矿床的主要构造。区内地层以太古代胶东群变质岩为主，上覆第四系。岩浆活动主要在燕山早期，形成玲珑花岗岩、郭家岭花岗岩，二者与金矿的形成密切相关。

（1）地层。沂沭断裂带将山东省分为东、西两部分，断裂带内地层特征与鲁西地区相似。胶东地区（鲁东）缺失整个古生代和中生代三叠纪及早、中侏罗世地层，新生代地层也有部分缺失。胶西北区出露的主要地层为新生界第四系和太古界胶东群变质岩系，此外，下第三系、白垩系、侏罗系、上下元古界在区内也有零星分布。第四系主要分布在焦家断裂上盘，以冲积、坡积层为主，厚度2~30m；太古界胶东群为区域古基底岩层，主要分布在栖霞、招远至莱州复式褶皱的核部地区。焦家断裂以西有大面积分布，岩性主要为斜长角闪岩、黑云斜长片麻岩、黑云角闪斜长片麻岩、黑云变粒岩等，原岩为泥质碎屑岩和中基性火山岩，属低角闪岩相。

（2）岩浆岩。区内岩浆岩分布广泛，约占岩石出露总面积的60%以上，以燕山早期壳源交代重熔形成的玲珑黑云母花岗岩和郭家岭斑状花岗闪长岩为主体。

玲珑花岗岩分布广泛，是区内岩浆岩的主体，空间形态为近似北东向的透镜体，岩体中心位于郭家店附近，延伸约8km，与胶东群地层呈侵入接触或混合交代接触，个别地段为断层接触。

郭家岭花岗岩出露在区域北部玲珑花岗岩与变质岩地层接触带附近，呈岩体、岩株状产出，自西向东分布有仓上、上庄、北截、丛家和曲家5个小岩体。与胶东群和玲珑花岗岩既有侵入接触，又有渐变过渡接触关系。

（3）构造。区域主要断裂构造为东西向断裂和早新华夏系的北北东—北东向断裂。

1.2.1 矿区地质特征

矿区大地构造位置处于华北板块（Ⅰ）胶辽隆起区（Ⅱ）胶北隆起（Ⅲ）胶北断隆（Ⅳ）、胶北凸起（Ⅴ），沂沭断裂带的东侧。

矿区内出露地层较简单，基本为第四系松散堆积物，主要包括临沂组、沂河组、旭口组及山前组。

区内以脆性断裂构造发育为特征，走向有北北东、北东和近南北向，断裂形成时代有早有晚，构成了区内的基本构造格架。

区内岩浆岩广布，以中生代燕山早期玲珑序列为主体，呈岩基产出；其次为新太古代马连庄序列和栖霞序列以及中生代郭家岭序列。区内脉岩不甚发育。

区内矿产以金为主，矿床（点）星罗棋布，主要有三山岛、焦家、新城、仓上、新立、寺庄、望儿山、河西、河东、东季、马塘、红布、灵山沟、黄埠岭、洼孙家、上庄、前孙家等，已探明的特大型金矿床3处，大型金矿床6处，中小型金矿床25处，是我国重要的黄金生产基地。此外还有建筑石材、瓷用石英、石英砂等矿产。

1.2.1.1 地层

A 焦家矿区地层

焦家矿区地层除第四系（Q）外即为胶东群变质岩（Arj）。

（1）新生界第四系（Q）。矿区第四系分布广泛，除东部丘陵区有部分基岩出露外，其余均为第四系松散沉积物。总厚度2～30m，一般为3～8m。东部丘陵区以残坡积为主，西部沿海平原区为冲积层、洪积层和海积层。

（2）太古界胶东群（Arj）。主要分布在焦家主断裂上盘约－400m标高以上，且多被第四系覆盖。与黑云花岗岩呈断层接触或侵入接触关系。地层产状与玲珑黑云母花岗岩片麻理一致，走向NE30，倾向NW，缓倾斜，局部较陡。岩性以混合岩化斜长角闪岩为主，夹有黑云母斜长片麻岩、黑云变粒岩、黑云角闪斜长片麻岩以及黑云片岩等。

1）混合岩化斜长角闪岩。灰绿－暗灰绿，（鳞片）粒状变晶结构成不等粒花岗边晶结构（0.05～3mm）。条纹条带状、块状或片麻状构造。矿物成分：普通角闪石（65%～70%）、普通辉石（5%）、斜长石（20%）、绿帘石（5%）、石英（5%）以及副矿物榍石等。

2）黑云斜长片麻层。呈透镜状夹于混合岩化斜长角闪层中。浅黄色，鳞片粒状变晶结构，片麻状构造。矿物成分：斜长石（45%～50%）、石英（25%～30%）、黑云母（20%）及少量磷辉石、榍石、磁铁矿等。

3）黑云变粒层。一般呈2～20m厚的透镜状夹于混合层化斜长角闪层中。灰白－暗灰色，鳞片粒状变晶结构，块状构造或微片状、条带状构造。矿物成分：斜长石（30%～50%）、黑云母（25%～30%）、石英（10%～15%）、普通角闪石（5%）及少量磷辉石、榍石等。

4）黑云角闪斜长片麻岩。浅灰－灰绿色，显微片麻状花岗变晶结构（0.1～0.4mm），片麻状构造。矿物成分：斜长石（65%）、石英（25%）、角闪石（5%～10%）和少量磷辉石、榍石、锆石等。

5）黑云片岩。浅灰色，纤状鳞片变晶结构，片状构造，主要由黑云母（40%～85%）、角闪石（5%～40%）、石英（10%）及少量金属矿物组成。片理发育，揉皱状弯曲石英压扁拉长定向排列明显。

B 望儿山矿区地层

望儿山矿区内地层亦简单，除第四系外，即为胶东群蓬夼组。

（1）新生界第四系（Q）。第四系主要为冲积层和洪积层，分布于矿区南部和西北部。冲积层（Q）为砾石、亚黏土，洪积层（Q）为砂、砾石等。一般厚1～5m，最厚达8m。

（2）胶东群蓬夼组（Arjh）。主要分布于焦家断裂以西的马塘至红布店一带，厚度约 850m，片麻理产状。走向 320°，倾向 NE，倾角 40°左右。多呈残留体分布于混合花岗岩岩体之中。岩性主要为黑云斜长片麻岩、斜长角闪岩、黑云变粒岩等。多具条带状、条纹状混合岩化。

1）斜长角闪岩。灰绿－暗灰绿，（鳞片）粒状变晶结构成不等粒花岗边晶结构（0.05~3mm）。条纹条带状、块状或片麻状构造。矿物成分：普通角闪石（65%~70%）、普通辉石（5%）、斜长石（20%）、绿帘石（5%）、石英（5%）以及副矿物榍石等。

2）黑云角闪斜长片麻岩。浅灰－灰绿色，显微片麻状花岗变晶结构（0.1~0.4mm），片麻状构造。矿物成分：斜长石（65%）、石英（25%）、角闪石（5%~10%）和少量磷辉石、榍石、锆石等。

3）黑云斜长片麻岩。呈透镜状夹于混合岩化斜长角闪层中。浅黄色，鳞片粒状变晶结构，片麻状构造。矿物成分：斜长石（45%~50%）、石英（25%~30%）、黑云母（20%）及少量磷辉石、榍石、磁铁矿等。

C　寺庄矿区地层

主要地层为新生代第四系（Q），矿区内出露地层较简单，基本为第四系松散堆积物，主要包括临沂组、沂河组。岩性为砂质黏土、砂及砂卵石。主要分布于山前坡地、现代河床、河漫滩及两侧一级阶地。地层厚度 0.5~20m，一般为 3~8m，最厚可达 40m 左右。

第四系河漫滩相及河床相冲积物底部的砂砾层是砂金矿富集的有利场所。

1.2.1.2　构造

矿区构造主要以北北东—北东向断裂为主，如图 1-1 所示，但每个矿区都有各自的特点[1]。

A　焦家矿区构造

焦家矿区构造以断裂为主，按走向方位分为北北东—北东向及北西向断裂两组。

（1）北北东—北东向断裂。此组断裂包括焦家主干断裂和望儿山分支断裂以及两断裂之间的更次级的侯家断裂、鲍李断裂。

1）焦家主干断裂。龙—莱断裂朱宋至朱桥地段为焦家断裂。焦家断裂纵贯全区，在矿区内长 1900m，宽 100~200m，延伸 925m。平面形态略呈纺锤形，走向 10°~30°，倾向北西，倾角较缓，一般 35°~45°，局部较陡，近 60°~70°。

2）望儿山分支断裂。望儿山分支断裂位于焦家矿区东南部，为焦家主干断裂在矿区内的分支断裂，延伸 8.8km，宽 30~50m，斜深 800m。该断裂倾向北西，倾角 63°，在剖面方向与主干断裂构成"人"字形。

（2）北西向断裂。北西向断裂为长期活动的一组重要构造。发现于焦家金

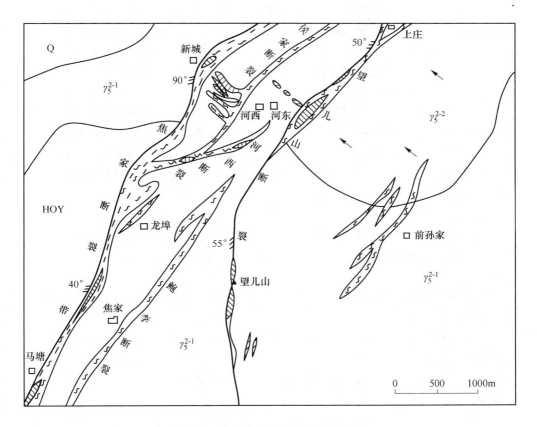

图 1-1　焦家金矿及附近地质构造图

矿区附近的小杨家、红布、侯家等地，位于焦家主干断裂与望儿山分支断裂之间，推测为主干断裂的派生构造。该断裂长 500m，宽 10～30m，斜深约 200m，深部汇入于河西或望儿山断裂带内。走向 310°～320°，倾向北北东—北东，倾角 40°左右。

B　望儿山矿区内构造

望儿山矿区内构造形式亦主要为断裂构造，表现为规模较大的北北东—北东向断裂，北北西断裂不甚发育，一盘长几十米，最长仅 200m 左右，多被晚期煌斑岩脉、伟晶岩脉或闪长玢岩充填。区内岩石节理构造亦较发育。

（1）焦家断裂带。在区内总体走向 30°，北西倾向，倾角 40°～45°，为压扭性断裂，宽 40～400m，由断层泥、绢英岩、绢英岩化碎裂岩、绢英岩化花岗岩、红化花岗岩等组成。目前控制最大倾向延伸 1000m 以上。

（2）河东—望儿山断裂的主断裂。在该区内走向变化较大，付家以北为 45°

左右，望儿山北段（付家至 46 线）为 10°~30°，望儿山本段（46~6 线）为 25°至近南北，望儿山南段（6 线至曲城）为 350°左右。倾向分别为北西、西、南西，倾角一般为 45°~60°，宽 20~100m，由断层泥、绢英岩、绢英岩化花岗岩、硅化花岗岩、硅化红化花岗岩、绢云母化红化花岗岩、红化花岗岩等组成。目前最大倾向延伸 1200m。

（3）河东—望儿山主断裂上下盘与主断裂近于平行的同序次次级构造。在形成河东—望儿山断裂的同时，该区在近南北向对扭应力作用下在 F_1 断层的上下盘形成了数条与 F_1 断层性质相同的大致平行的同序次低级别的压扭性断裂，分别控制了 Ⅱ、Ⅲ、Ⅳ、Ⅴ、Ⅵ号等矿化蚀变带，局部被后期金矿脉充填，矿脉局部受后期构造影响也有破碎现象。

C 寺庄矿区构造

区内以北北东—北东向脆性断裂构造发育为主，该断裂是控制矿体的主体构造。此组断裂主要包括焦家主干断裂及次级的 1 号支断裂、2 号支断裂、3 号支断裂。

焦家断裂为龙（口）—莱（州）断裂的朱宋—朱桥段，是矿区主要控矿断裂，纵贯全区。

该断裂在寺庄矿区内长约 4km，宽 80~500m，延伸 1140m，平面或剖面上呈舒缓波状延伸，走向 15°~70°，倾向北西，倾角 30°~45°。主要沿马连庄序列变辉长岩与玲珑序列二长花岗岩接触带展布，局部地段，特别是寺庄矿区南部，发育于玲珑序列二长花岗岩中。

主断裂发育有连续稳定的主裂面，主裂面以灰黑色断层泥（厚 2~45cm）为标志。由主裂面为界，上盘依次为绢英化花岗质碎裂岩或绢英岩化变辉长岩质碎裂岩、绢英岩化变辉长岩、变辉长岩；下盘依次为黄铁绢英岩化碎裂岩、黄铁绢英化花岗质碎裂岩、黄铁绢英岩化花岗岩、钾化花岗岩。寺庄南部地段，主裂面两侧均为绢英岩化花岗岩、绢英化花岗质碎裂岩，以主裂面为界，构造岩基本对称分布。

主干断裂下盘往往沿走向及倾向发育有分支断裂，沿走向的分支表现为分支复合和分支尖灭。区内主要有发育于 320~328 线的 1、2、3 号支断裂，于北东端尖灭，南西端与主干断裂汇合，属压扭性质。

1 号支断裂：该断裂分布于焦家主干断裂带下盘邱家村西的 264~320 线间，为下盘分支断裂，切割了玲珑岩套岩石。该断裂从寺庄矿区 320 线向北支出，沿走向 5°延伸，控制长 700m，宽 20~100m，倾向北西，倾角 40°。该断裂带由黄铁绢英岩化花岗岩夹黄铁绢英岩化花岗质碎裂岩组成，力学性质为压扭性。

2 号支断裂：该断裂为焦家主干断裂带下盘分支断裂，展布于焦家主干断裂和望儿山支断裂之间的邱家—鲍李—龙埠间，属区内次级构造，该断裂切割了玲珑岩套岩石,力学性质为压扭性。该断裂从区内 328 线向北支出,到邱家村西北分为两支,沿走向 19°~30°延伸,控制长 5.7km,宽 14~300m,倾向北西,倾角 28°~40°,断裂带由黄铁绢英岩化花岗岩夹黄铁绢英岩化花岗质碎裂岩组成,在南段与 1 号支断裂复合连接于焦家主干断裂。其与主断裂交汇处是矿化有利部位,常见黄铜矿化与黄铁矿化叠加分布,以细脉状矿化为显著特征。

3 号支断裂:该断裂分布于焦家主干断裂带下盘的邱家村南,为下盘分支断裂,并切割了玲珑序列岩石。该断裂南端从寺庄矿区 328 线南支出,沿 55°方向延伸,长 1200m,宽 10~100m,倾角 30°~40°。由黄铁绢英岩化花岗岩夹黄铁绢英岩化花岗质碎裂岩组成,为压扭性断裂。其与主断裂交汇处是矿化有利部位,常见黄铜矿化与黄铁矿化叠加分布,以细脉状矿化为显著特征[2]。

1.2.1.3 矿体及蚀变带地质特征

A 焦家矿区矿体及蚀变带地质特征

(1)围岩蚀变。焦家金矿床位于焦家主干断裂的 54~152 线之间的破碎蚀变岩带内,赋存标高在 +30~ -450m,控制长 1600m。整个破碎蚀变岩带框定了金矿化的空间,蚀变岩带位于玲珑超单元二长花岗岩与新太古代胶东群郭格庄变质岩的接触带上,其蚀变矿化特征见表 1-1。

表 1-1 焦家矿区围岩蚀变矿化特征表

距主裂面距离	断裂构造岩	围 岩 蚀 变			矿 化 特 征	
		蚀变作用	蚀变岩	厚度/m	矿化类型	金品位
近 ↓ 远	糜棱岩	钾长石化硅化黄铁绢英岩化	黄铁绢英岩质碎裂岩	2~30	浸染状	较稳定 ↓ 不稳定
	碎粒岩		黄铁绢英岩化花岗质碎裂岩	1~34	细脉浸染状	
	碎斑岩		黄铁绢英岩化花岗岩	30~100		
	碎裂岩		钾长石化、硅化花岗岩	100~200	细脉、网脉状	

焦家断裂带区内长千余米,主裂面上盘为黄铁绢英岩化斜长角闪岩带,主裂面下盘依次为黄铁绢英岩质碎裂岩带、黄铁绢英岩化花岗岩带和钾化花岗岩带。蚀变岩带平均走向 30°,倾向 NW,倾角 25°~50°,一般厚 70~250m,最大厚度 370m,平均厚度 148m。目前工程控制最大延伸 925m。

(2)矿体特征。焦家金矿床矿体的分布主要受断裂蚀变带控制,据其赋存特征及矿石特征可分为 I 号矿体和Ⅲ号矿体群。 I 号矿体产于主断裂面下盘约 50~70m(水平距离)内的碎裂岩、绢英岩带内;Ⅲ号矿体群产出于钾化硅化花岗岩带内,常成群成带产出。各矿脉矿体赋存及形态、规模等地质特征见表 1-2。

表 1-2　焦家矿区矿床矿体地质特征表

类型 脉号	产　状		赋存区间（标高及范围）	平均厚度/m	走向长度/m	矿化类型	厚度变化系数/%	总储量比例/%	矿体变化趋势
	走向	倾向、倾角							
I	10°~50°	NW 25°~45°	+30~-450m 54~136 线	16.48	1200	浸染状、细脉浸染状	84	74.7	产状浅陡深缓、南缓北陡；深部浸染状矿化不发育
III	10°~40°	SE 55°~90°	+30~-270m 60~116 线	3.50	150~300	脉状、细脉状	87	17.3	向深部规模、数量迅速减少

　　I 号矿体：分布在 54~136 号勘探线之间，赋存于焦家主断裂面下盘的黄铁绢英岩和黄铁绢英岩质碎裂岩中，矿化类型为浸染状、细脉浸染状。矿体走向长 1200m，倾斜延伸 500~670m，最大斜深 925m（目前工程控制深度）。矿体呈似层状、脉状产出。矿体走向 NE10°~50°，倾向北西，倾角 25°~45°，北陡南缓，浅陡深缓。矿体厚度多在 4~15m 间，最大厚度 65m，最小厚度 1m，平均厚度 16.48m，厚度变化系数 84%，属厚度较稳定型矿体。矿体沿走向及倾向膨胀、狭缩、分支复合现象显著，向南西侧伏，侧伏角大约为 40°，中部矿体（70~120 号线间）厚大，两端（72 号线以北和 120 号线以南）较薄。从剖面分析，与上部中段相比，-230m 以下矿体倾角变缓为 30°~25°，矿体变窄，分支现象明显，品位下降，浸染状矿化不发育。

　　III 号矿体群：位于 I 号矿体南东侧，距主断裂面 60~330m 的黄铁绢英岩化花岗质碎裂岩和黄铁绢英岩化硅化花岗岩内，部分矿体赋存在钾化硅化花岗岩带中，受张扭性裂隙带控制，具有延伸、延长粗而短的特点。矿化类型为网脉状、细脉状和脉状。共圈定出大小矿体 45 个，其储量占总储量的 14.14%。矿体在平面上与 I 号矿体走向基本一致，在剖面上与 I 号矿体呈"人"字形有规律的排列，其排列方式有接结式、斜列式、雁列式 3 种。与上部中段相比，-230m 以下老 III 号矿体变窄，规模和数量明显减少。在 88~82 号线之间揭露的 III 号矿体，在上部中段未发现，暂定为新 III 号矿体，距离主断裂在 35~200m 之间，倾角较陡，局部矿体较宽，平均在 6~10m。部分矿体上部多与 I 号矿体相连。整体分析，矿体下部有尖灭趋势。总体而言，矿体赋存在 -270m 以上至地表范围，60~116 号线间，走向 NE10°~40°，倾向 SE，倾角 55°~90°，矿体呈脉状、透镜状产出。单个矿体一般规模较小，走向长 15~75m，延伸 10~100m，厚度一般 2~3m，最大厚度 20m，厚度变化系数 87%，属厚度变化较稳定型矿体。

　　B　望儿山矿区矿体及蚀变带地质特征

　　（1）围岩蚀变。望儿山矿区矿床内共发育 AI~AVI 6 条蚀变带。其中以 AI 号蚀变带规模最大，受河东—望儿山断裂带主断裂（F1）控制，宽 10~70m，倾向延伸1200m以上，沿走向及倾向略显舒缓波状，局部膨大、缩小，－800m标高以下逐渐减弱。蚀变带中心部位（F1主断面附近）蚀变强，向两侧渐弱。AV、AVI号蚀变带隐伏于AI号蚀变带上盘，其他3条均分布于AI号蚀变带下盘。AI、AV、AVI号蚀变带为含矿蚀变带，AII、AIII号蚀变带仅在矿床南边有小部分出露。

（2）矿体特征。矿体赋存于＋110～－650m标高，3次地质探矿工作，探明矿体按其规模和储量分为主要矿体、次要矿体和小矿体。主要矿体3个，为I1、I2、V1号矿体，次要矿体为2个，为V2和23号矿体，小矿体40个，即I3、I6、VI1、1～22和24～37号。小矿体大都为单孔见矿，部分为表外矿体。主矿体矿石量占矿床总矿石量的86%，金属量占总金属量的79%。通过矿山生产探矿，矿体的圈定连接都发生了很大的变化，地质队提交的I1、I2矿体实为同一条矿体，有许多小矿体探矿没见到，因此，I1、I2矿体合并为I矿体。I、V1、V2和23号矿体地质特征见表1-3。

表1-3 望儿山矿区矿体地质特征表

类型\脉号	产状		赋存区间（标高及范围）	平均厚度/m	走向长度/m	矿化类型	厚度变化系数/%	总储量比例/%	矿体变化趋势
	走向	倾向、倾角							
I	5°～15°	NW 45°～60°	＋85～－650m 6～42线	2.7	860	脉状	95	14	产状浅缓深陡；走向上两端薄，中间厚
V1	20°	NW—W 40°～50°	－150～－520m 26～46线	2.51	420	脉状	87	20	厚度变化不稳定
V2	350°～20°	SW—NW 40°～50°	－120～－330m 30～38线	3.41	280	脉状	87	—	上缓下陡，厚度变化不稳定
23号	7°～15°	NW 43°～50°	－265～－405m 14～22线	2.31	275	脉状	—	—	上缓下陡，厚度变化不稳定

I号矿体规模最大，位于6～42号线间，于28～38号线间出露地表。赋存标高＋85～－650m，赋存于AI号蚀变带下盘，矿体走向长最大延长860m，一般600m，倾向最大延伸900m，一般800m，矿体呈脉状，走向5°～15°，北西倾，倾角45°左右，最陡60°。矿体单工程最大水平厚度12.0m，最小水平厚度0.35m，一般厚度1～3m，平均厚度2.70m。－400m标高以上厚度较大，一般3.50m以上，－400m标高以下厚度逐渐变小，厚度变化系数为95%，属较稳定

型。矿体沿走向及倾向膨胀、狭缩、分支复合现象常见。在 -90m 标高以上较为连续，-90m 标高以下局部间断。矿体在走向上厚度变化较大，两端薄，中间（22~28 号线）厚。

矿体自 24~30 号线有逐渐变厚的趋势。倾向上，0m 标高向下至 -120m 标高，厚度由薄（1.0m）逐渐变厚（4.35m）。

V1 号矿体分布于 26~46 号线，-150~-520m 标高间，产于 AV 号蚀变带中，位于 I 号矿体上盘，水平距离 35~140m，走向最大延长 420m，一般 300m，倾向最大延伸 590m，一般 360m。走向 20°，倾向北西至西，倾角 40°~50°，上缓下陡势，矿体形态显脉状产出，矿体单工程最大厚度 5.11m，最小厚度 0.22m。平均厚度 2.51m，厚度变化系数 87%，属厚度变化不稳定型矿体。

V2 号矿体分布于 30~38 号线 -120~-330m 标高间，产于 AV 号蚀变带中，位于 V1 号矿体上盘，水平距离 5~37m，走向最大延长 280m，倾向最大延伸 193m，一般 360m。走向 350°~20°，倾向南西至北西，倾角 40°~50°，上缓下陡，矿体形态显脉状产出，矿体单工程最大厚度 8.11m，最小厚度 0.52m。平均厚度 3.41m，厚度变化系数 87%，属厚度变化不稳定型矿体。

23 号矿体分布于 14~22 号线 -265~-405m 标高间，位于 I 号矿体上盘，水平距离 150~210m，走向最大延长 275m，倾向最大延伸 155m，走向 7°~15°，倾向北西，倾角 43°~50°，矿体形态显脉状产出，矿体平均厚度 2.31m。

矿体围岩蚀变有钾化、绢云母化、硅化、绢英岩化、黄铁矿化及碳酸盐化，其中硅化、绢英岩化和黄铁矿化与金矿化关系密切，为成矿期主要蚀变。

矿石结构以自形—半自形结构为主，其次为压碎结构、填隙结构、包含结构等。矿石构造以脉状和细脉状构造为主，其次为斑点状、块状构造。金矿物粒度以中细粒（0.074~0.01mm）为主，占 77.23%，微粒金次之，金粒主要以晶隙金、裂隙金和包体金状态赋存。

（3）寺庄矿区矿体特征。经核实，核实范围内累计查明 48 个矿体，其中②-3、⑭-1、⑯、⑰已经采空，现保有 44 个矿体，包括采矿权范围内以往圈定的分别为⑦-1、⑦-2、⑦-3、⑭-2、⑮、⑱、⑳号矿体；采矿权范围内新圈定的⑦-4、⑦-6。采矿权范围内已采空在深部探矿权内仍保有的②-1、②-2 以及在深部探矿权内出露的③-66、③-68、③-71、③-24、③-131、③-94、③-72、③-67、③-130、③-129、③-132、③-98、③-99、⑦-4、⑦-5、⑦-7、⑦-4、⑦-8。其中⑦-1、⑦-2、⑦-3、⑭-2、②-1、③-66、③-68 号矿体为矿区主要矿体，其中⑦-1、⑦-2、②-1、③-66、③-68 号矿体规模较大，⑦-3、⑭-2、⑮、②-2、③-71 号矿体次之，其余矿体规模较小，仅为零星矿体及单工程控制矿体。⑦-1、⑦-2、⑦-3、⑭-2、⑮、②-1、②-2 号矿体均部分采空，现将各矿体主要特征分述如下：

⑦-1 号矿体：为矿区主要矿体，占总保有金矿石量的 14.84%，占总保有金金属量的 12.05%，赋存在焦家蚀变带中部的黄铁绢英岩化花岗岩中，分布于 272～320 线之间，标高 -171～-500m 范围内，由 8 层坑道及 15 个见矿钻孔控制。矿体总体走向 15°，倾向北西，倾角 35°～55°。矿体呈脉状，在走向及倾向上均有尖灭侧现象。走向延长 720m，控制最大倾斜延伸 391m。矿体最小厚度为 0.38m，最大厚度为 14.79m，平均为 2.31m，厚度变化系数为 98%，属厚度变化较稳定型矿体。矿体单样最低品位 0.22×10^{-6}，最高品位 73.12×10^{-6}，平均品位 3.57×10^{-6}，品位变化系数为 140%，属有用组分分布较均匀型矿体。矿石类型为细脉—浸染状黄铁绢英岩化花岗质碎裂岩型。矿体沿走向向北东已尖灭，沿走向向南西方向和深部延出划定矿区范围，并仍具延伸趋势。

核实范围内保有矿体分布于 272～320 线之间，标高 -194～-550m 范围内，由 5 层坑道及 21 个见矿钻孔控制。矿体总体走向 15°，倾向北西，倾角 35°～55°。矿体呈脉状，在走向及倾向上均有尖灭侧现、分支复合现象。走向延长 720m，控制最大倾斜延伸 357m。最低见矿工程标高为 -550m。矿体最小厚度为 0.38m，最大厚度为 20.48m，平均为 5.40m，平均品位 2.89×10^{-6}。

⑦-1 号矿体在 -340m 标高以上已采空，-340m 标高以下 304 线与 288 线之间也基本采空。

⑦-2 号矿体为矿区主要矿体，占总保有金矿石量的 4.52%，占总保有金金属量的 3.42%，赋存在焦家蚀变带中部的黄铁绢英岩化花岗岩中，其下盘为⑦-1 号矿体，上盘为⑦-3 号矿体，分布于 272～320 线之间，标高 -237～-520m 范围内，由 7 层坑道及 17 个见矿钻孔控制。矿体走向为 15°～30°，倾向北西，倾角 35°～55°。矿体呈脉状，局部分支复合或膨大。走向延长 720m，控制最大倾斜延伸 357m。矿体最小厚度为 0.25m，最大厚度为 15.75m，平均为 2.89m，厚度变化系数为 107%，属厚度变化较稳定型矿体。矿体单样最低品位 0.10×10^{-6}，最高品位 123.36×10^{-6}，平均品位 3.52×10^{-6}，品位变化系数为 120%，属有用组分分布较均匀型矿体。矿石类型为细脉-浸染状黄铁绢英岩化花岗质碎裂岩型。沿走向向南西方向和深部延出划定矿区范围，并仍具延伸趋势。

核实范围内保有矿体分布于 272～320 线之间，标高 -289～-502m 范围内，由 5 层坑道及 17 个钻孔控制。矿体总体走向 15°～30°，倾向北西，倾角 35°～55°。矿体呈脉状，局部分支复合或膨大。走向延长 720m，控制最大倾斜延伸 357m。矿体最小厚度为 1.00m，最大厚度为 16.33m，平均为 4.70m，平均品位 5.53×10^{-6}。

⑦-2 号矿体在 -340m 标高以上已采空，-340m 标高以下 304 线与 288 线之间也基本采空。

②-1 号矿体是主矿体之一，占总保有金矿石量的 15.19%，占总保有金金属量的 14.72%，−450m 以上已采空，−450m 以下由详查区内 17 个钻孔控制，分布于 272～320 线间的 −450～−644m 标高间。矿体赋存于主裂面之下 264～315m 黄铁绢英岩化花岗质碎裂岩中。严格受主蚀变带底板产状的控制，矿体形态呈脉状、透镜状，形态简单，沿走向及倾向呈舒缓波状展布、膨胀夹缩、尖灭再现的特征。矿体走向 358°～33°，平均 14.22°，倾向北西，倾角 25°～44°，平均倾角 34.7°，沿走向向南西方向和深部延出划定矿区范围，并仍具延伸趋势。

核实范围内控制长 712m，控制斜深 50～551m，平均斜深 445m。矿体厚度 0.70～8.89m，平均 3.04m，厚度变化系数 74%，属厚度变化稳定型矿体。矿体金品位为（0.43～56.60）× 10^{-6}，矿体平均品位 3.69 × 10^{-6}，单工程金品位（1.50～11.42）× 10^{-6}，品位沿走向不均变化，品位变化系数 160%。属有用组分分布较不均匀型矿体。

③-66 号矿体是主矿体之一，占总保有金矿石量的 17.19%，占总保有金金属量的 19.07%，由 19 个钻孔控制。矿体为盲矿体，分布于 272～320 线间的 −450～−658m 标高内。勘查区内工程控制走向长 683m，控制斜深 50～315m，沿走向向南西方向和深部延出划定矿区范围，并仍具延伸趋势。

矿体赋存于主断裂带下盘①号分支断裂带内黄铁绢英岩化花岗质碎裂岩中，矿体形态简单，呈脉状、透镜状分布。沿走向及倾向呈舒缓波状。

矿体产状严格受①号分支断裂带产状的控制，矿体走向 357°～20°，平均 13°；倾向北西，倾角 30°～43°，平均倾角 37.9°。

矿体厚度 0.57～19.72m，平均 4.04m，厚度变化系数 97%，属厚度变化稳定型矿体。矿体金品位为（0.10～68.58）× 10^{-6}，矿体平均品位 3.94 × 10^{-6}，矿体单工程金品位（1.03～68.39）× 10^{-6}，品位变化系数 208%。属有用组分分布不均匀型矿体。

③-68 号矿体是主矿体之一，占总保有金矿石量的 19.93%，占总保有金金属量的 17.41%，由 19 个钻孔控制。矿体为盲矿体，分布于 272～320 线间的 −428～−825m 标高内。工程控制沿走向长 690m，控制斜深 100～553m，规模可达大型。沿走向向南西方向和深部延出划定矿区范围，并仍具延伸趋势。

矿体赋存于主断裂带下盘①号分支断裂带内的黄铁绢英岩化花岗质碎裂岩中，位于③-66 号矿体下盘，与之平行展布。矿体形态简单，呈脉状、透镜状及下部未封闭的长舌状分布。沿走向及倾向呈舒缓波状。

矿体厚度 0.32～28.97m，平均 5.51m；厚度变化系数 97%，属厚度变化较稳定型矿体。矿体金品位为（0.10～48.46）× 10^{-6}，矿体平均品位 3.11 × 10^{-6}，单工程金品位（1.00～17.40）× 10^{-6}，其品位变化系数 159%，属有用组分分布较均匀型矿体。

1.2.2　水文地质特征

1.2.2.1　地表水系

本区地表水系不发育,最大河流是朱桥河,其次是马塘河。

朱桥河从两矿区西部通过,距矿床3.8km。发源于东南部的山区,全长24km,汇水面积180km²,流向北西,注入渤海。近几年常年干涸。矿床地面标高高出河床15m左右,河水对矿床没有影响。

马塘河是流经两矿区南侧的间歇性小河,朱桥河的支流。发源于灵山西坡,全长11.5km,汇水面积约33km²。流向由东向西,在大官庄、后阳村之间汇入朱桥河。近几年常年干涸。

1.2.2.2　岩层水文地质特征

(1) 含水层。焦家矿区主要有3个含水层,即第四系孔隙潜水含水层、基岩风化带裂隙潜水含水层和基岩裂隙承压含水层。其中,第四系孔隙潜水含水层分为冲积孔隙含水层和洪积孔隙含水层,厚度1~4m,含孔隙潜水,现已被疏干;基岩风化带裂隙潜水含水层的风化带发育深度在10~50m,地下水埋深8.5~11.4m,平均标高 -5.57~ -25.57m,涌水量为0.1~0.6L/(s·m);基岩裂隙承压含水层以焦家主断裂面为界分上、下两个含水带。上层含水带岩性为胶东岩群变质岩系,涌水量为0.31L/(s·m),含水微弱,视为弱含水层;下层含水带岩性为黑云母花岗岩、绢英岩化碎裂状花岗岩,涌水量0.52L/(s·m),含水微弱—中等,为弱含水层—中等富水层。

望儿山和寺庄矿区含水层主要有第四系孔隙潜水含水层、基岩风化带裂隙潜水含水层、构造裂隙含水带和河东—望儿山断裂构造裂隙含水带。第四系孔隙潜水含水层分为冲积孔隙含水层和洪积孔隙含水层,前者厚度4~6m,地下水埋深2~5.5m,涌水量为1.42L/(s·m);后者厚度2~10m,地下水埋深5.25~8.00m,该层大部分地下水已干涸。基岩风化裂隙含水层风化带发育深度在20~35m,地下水埋深随地形变化,一般为10~20m,涌水量为0.26~0.29L/(s·m)。构造裂隙含水带分为焦家断裂构造裂隙含水带,宽60~250m,主断面有断层泥、糜棱岩及不连续的角砾岩,地下水位埋深3.50~6.00m。河东—望儿山断裂构造裂隙含水带宽20~100m,主断面有5~20cm的断层泥或10~50cm的糜棱岩、角砾岩断续出现,破碎带富水性较好,主断面相对阻水。目前该矿区已开采至-350m中段,矿坑涌水量每昼夜3000m³左右。

(2) 隔水层。焦家矿区大致有2个隔水层,其一为矿体顶板黄铁绢英岩,厚1~15m,致密坚硬,裂隙不发育;其二为分布在主裂面中心部位的黑灰 - 灰白色的断层泥,层位稳定,厚5~20cm,透水性很差,亦为良好的隔水层。

望儿山矿区和寺庄内大面积出露的黑云母花岗岩、黑云斜长片麻岩、斜长角闪岩等岩石，除地表风化裂隙较发育外，其深部在没有遭受断裂构造破碎的情况下，仅发育有少量的区域性构造节理，其透水性和含水性微弱，可视为矿区的隔水层。

（3）地下水的补给、径流和排泄。3个矿区地下水的补给来源，主要为大气降水。在丘陵地区，坡降大，冲沟发育，降水大部分随地表径流流走，少部分渗入地下，地下水补给条件差；在平原地区，地下水除直接接受大气降水下渗补给外，还接受基岩丘陵区地下径流的补给，补给条件相对较好。地下水总的流向是由东南向西北，即丘陵区向渤海径流。地下水径流、矿坑排水及农田灌溉是地下水的主要排泄途径。

2 深部节理硬岩强度特征与损伤演化规律

2.1 室内基础岩石物理力学试验

2.1.1 概述

矿岩物理力学性质是进行研究的基础，因此有必要进行针对性的物理力学试验研究，一是获得基本的物理力学参数，二是选取部分试件进行深入研究，得到节理硬岩的强度特征及损伤演化规律，本次室内试验试样的来源主要有巷道采样以及采场取样，试验岩矿主要为花岗岩的岩样。试验研究的内容主要有：矿岩抗拉强度试验、矿岩单轴压缩及变形试验、矿岩三轴压缩及变形试验、矿石剪切试验。同时对单轴抗拉强度、单轴抗压强度、弹性模量、泊松比及密度等物理力学参数进行测试。

本试验是依照中华人民共和国水电部颁布的《水利水电工程岩石试验规程》(81)，中华人民共和国行业标准《水利水电工程岩石试验规程》(SL 264—2001)以及地质矿产部《岩石物理力学性质试验规程》等进行的，同时参考了普通高等教育"十五"国家级规划教材《岩石力学与工程》等文献资料。

2.1.2 现场取样加工

寺庄矿区的地压调查地点包括大-①矿体、7-②矿体 9 中段南翼 320、324 采场、11 中段 304 采场、12 中段 304 采场。其中大-①矿体岩体破碎，不具备扩大参数的能力，故岩体取样的地点在 7-②矿体 9 中段南翼 320、324 采场、10 中段 304 采场、11 中段 304 采场、12 中段 304 采场，共取样 5 大块，进路参数扩大主要在矿体中，故岩样均属于矿石，岩性主要为黄铁绢英岩化花岗质碎裂岩。

取样过程如图 2-1 所示，取样表见表 2-1。

表 2-1 寺庄矿区取样表

试 验 类 别	试 样 规 格	试 样 个 数
单轴压缩	$\phi 50mm \times 100mm$	10
三轴压缩	$\phi 50mm \times 100mm$	8
劈裂试验	$\phi 50mm \times 25mm$	12
抗剪试验	$50mm \times 50mm \times 50mm$	8

图 2-1　现场取样过程

2.1.3　岩石力学试验过程及结果

2.1.3.1　抗拉强度试验

抗拉强度是岩石力学性质的重要指标之一。由于岩石的抗拉强度远小于其抗压强度，故在受载时，岩石往往首先发生拉伸破坏，这一点在地下工程中有着重要的意义。岩块加工试件过程如图 2-2 所示。

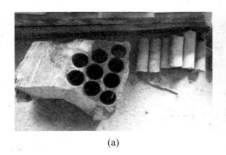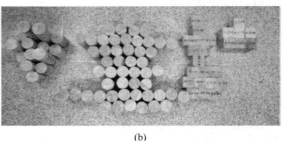

(a)　　　　　　　　　　　　　　　　　　(b)

图 2-2　岩块加工试件过程
（a）岩块钻孔；（b）岩芯成品

由于直接拉伸试验受夹持条件等限制，岩石的抗拉强度一般均由间接试验得到。在此采用国际岩石学会实验室委员会推荐并被普遍采用的间接拉伸法（劈裂法，又称巴西法）测定岩样的抗拉强度[3]。

加载设备、垫条等，如图 2-3 所示。

（1）根据所要求的试样状态准备试样。

（2）将试样平置于压力机承压板中心，调整有球形座的承压板使试样均匀受载。

（3）以 0.3 ~ 0.5MPa/s 的加载速度加荷，直到试样破坏为止，并记录最大破坏载荷。

（4）观察试样在受载过程中的破坏发展过程，并记录试样的破坏形态。

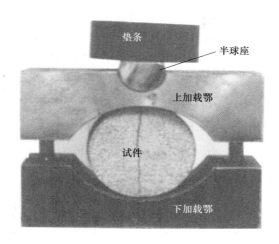

图 2-3　岩石抗拉强度测定示意图

由弹性理论可以证明，圆柱或立方形试件劈裂时的抗拉强度由式（2-1）确定

$$\sigma_{t} = \frac{2p}{\pi DH} \tag{2-1}$$

式中　σ_t——岩石的抗拉强度，MPa；

　　　p——试样破坏时的最大载荷，N；

　　　D——试样直径，mm；

　　　H——试样厚度，mm。

经过处理，最终的试验结果见表 2-2 和表 2-3。

表 2-2　寺庄矿区抗拉强度试验结果（劈裂法）

岩 石 名 称	中段	试样编号	试 样 尺 寸			最大破坏载荷/kN	岩石抗拉强度/MPa
			平均直径/mm	平均厚度/mm	劈裂面积/mm²		
黄铁绢英岩化花岗质碎裂岩	9	1	33.89	16.68	1775.90	12.63	14.22
		2	33.90	17.36	1848.84	13.23	14.21
		3	34.71	17.03	1857.03	13.02	14.02
		4	34.72	16.87	1840.11	12.84	13.96
		平均抗拉强度 14.06MPa					

岩石名称	中段	试样编号	试样尺寸			最大破坏载荷/kN	岩石抗拉强度/MPa
			平均直径/mm	平均厚度/mm	劈裂面积/mm²		
黄铁绢英岩化花岗质碎裂岩	10	1	34.70	17.63	1921.90	15.97	16.62
		2	33.98	17.23	1839.33	15.95	17.34
		3	34.23	18.18	1955.02	14.29	14.62
		平均抗拉强度 16.19MPa					
	11	1	34.39	17.00	1836.67	18.20	19.82
		2	34.35	16.20	1748.20	17.27	18.54
		3	34.35	17.60	1899.28	18.49	20.02
		平均抗拉强度 19.46MPa					
	12	1	34.30	15.66	1687.47	15.54	18.42
		2	33.88	17.40	1852.01	15.95	17.22
		平均抗拉强度 17.82MPa					

表 2-3　寺庄矿区大-①矿体抗拉强度试验结果

岩石名称	水平	试样编号	试样尺寸			最大破坏载荷/kN	岩石抗拉强度/MPa
			平均直径/mm	平均厚度/mm	劈裂面积/mm²		
黄铁绢英岩化花岗质碎裂岩	10	1	34.44	17.63	1907.447	15.83	15.76
		2	33.56	17.23	1816.537	15.74	16.34
		平均抗拉强度 16.10MPa					
	11	1	34.78	17.00	1857.443	20.14	20.32
		2	34.21	16.20	1741.026	18.25	19.74
		3	34.23	17.60	1892.59	19.23	20.61
		平均抗拉强度 20.12MPa					
	12	1	34.97	15.66	1720.38	15.33	18.38
		2	33.96	17.40	1856.325	15.52	18.17
		平均抗拉强度 18.25MPa					

2.1.3.2　单轴压缩及变形试验

当岩石试样在纵向压力作用下出现压缩破坏时,单位面积上所承受的载荷称为岩石的单轴抗压强度,即试样破坏时的最大载荷与垂直于加载方向的截面积之比[4]。

在测定单轴抗压强度的同时,也可同时进行变形试验。岩石变形试验,是在纵向压力作用下测定试样的纵向(轴向)和横向(径向)变形,据此计算岩石的弹性模量和泊松比。

弹性模量是纵向单轴应力与纵向应变之比，规程规定用单轴抗压强度的50%作为应力和该应力下的纵向应变值进行计算。根据需要也可以确定任何应力下的弹性模量。

泊松比是横向应变与纵向应变之比，规程规定用单轴抗压强度50%时的横向应变值和纵向应变值进行计算。根据需要也可以求任何应力下的泊松比。

压缩试验需要游标卡尺、感量为 0.01g 的天平、烘箱和干燥箱、加载设备等。

变形试验需要电阻应变片、黏结剂、万用表、电阻应变仪、压力传感器及引伸仪等。

A　压缩试验程序

压缩试验采用下面的试验程序：

（1）根据所要求的试样状态准备试样。

（2）将试样置于压力机承压板中心，调整有球形座的承压板，使试样均匀受力。

（3）以 0.5~0.8MPa/s 的加载速度对试样加荷，直到试样破坏为止，记录最大破坏载荷。

（4）描述试样破坏形态，并记下有关情况。

B　单轴抗压强度

按式（2-2）计算岩石单轴抗压强度：

$$\sigma_c = \frac{p}{A} \tag{2-2}$$

式中　σ_c——岩石单轴抗压强度，MPa；

　　　p——最大破坏荷载，N；

　　　A——垂直于加载方向的试样横截面积，mm^2。

（1）选择电阻片，电阻片质量应符合产品要求，电阻丝的长度应大于组成试样的矿物最大粒径或斑晶的 10 倍以上。

（2）电阻片应贴在试样高度的中部，每个试样贴纵向（轴向）和圆周向电阻片各 2 片，沿圆周向对称布置，如图 2-4 所示。贴片处应尽量避开显著的裂隙、特大的矿物颗粒或斑晶。试样贴片前用零号砂纸打磨，用丙酮或酒精将贴片处擦洗干净，防止污染。

（3）贴片用的胶，一般情况下可用 502 快速黏结剂、914 黏结剂等脆性胶；饱和试样还需配置防潮胶液。

（4）将贴好片的试样置于压力机上，对准中心，以全桥或半桥的方式连入应变仪，接通电源。以 0.5~0.8MPa/s 的加载速度对试样加载，直至破坏，如图 2-5 所示。

图 2-4　贴完应变片后试件示意图　　　　图 2-5　单轴压缩过程示意图

（5）在施加载荷的过程中，由数据采集系统同步记录各级应力及其相应的纵向和横向应变值。为了绘制应力 - 应变关系曲线，记录的数据应尽可能多一些，通常不少于 10 组数据。弹性模量 E、泊松比 μ 计算公式：

$$E = \frac{\sigma_{c(50)}}{\varepsilon_{h(50)}}, \quad \mu = \frac{\varepsilon_{d(50)}}{\varepsilon_{h(50)}} \tag{2-3}$$

式中　　　　E——试件弹性模量，GPa；

　　　　$\sigma_{c(50)}$——试件单轴抗压强度的 50%，MPa；

$\varepsilon_{d(50)}$，$\varepsilon_{h(50)}$——分别为 $\sigma_{c(50)}$ 处对应的轴向压缩应变和径向拉伸应变；

　　　　μ——泊松比。

　　单轴压缩及变形试验的结果见表 2-4 和表 2-5，部分单轴压缩应力应变关系曲线如图 2-6 所示。

表 2-4　寺庄矿区岩石单轴压缩及变形试验结果

岩性	编号	来源	最大破坏载荷/kN	岩石单轴抗压强度/MPa	轴向压缩应变	径向拉伸应变	弹性模量/MPa	泊松比
黄铁绢英岩化花岗质碎裂岩	1	9-320	69.09	75.03	134×10^{-5}	474×10^{-5}	2.165×10^4	0.283
	2	9-320	63.05	69.44	86×10^{-5}	368×10^{-5}	4.038×10^4	0.234
	9 中段 320 采场平均单轴抗压强度 72.23MPa							
	3	9-324	70.94	78.13	100×10^{-5}	587×10^{-5}	3.907×10^4	0.270
	4	9-324	70.92	78.11	232×10^{-5}	920×10^{-5}	1.683×10^4	0.252
	9 中段 324 采场平均单轴抗压强度 78.12MPa							
	5	10-304	71.24	79.13	103×10^{-5}	590×10^{-5}	3.807×10^4	0.271
	6	10-304	69.56	76.61	116×10^{-5}	566×10^{-5}	3.302×10^4	0.205
	9 中段 304 采场平均单轴抗压强度 77.87MPa							

岩性	编号	来源	最大破坏载荷/kN	岩石单轴抗压强度/MPa	轴向压缩应变	径向拉伸应变	弹性模量/MPa	泊松比
	7	11-304	80.99	89.20	188×10^{-5}	614×10^{-5}	2.372×10^{4}	0.306
	8	11-304	76.64	84.41	157×10^{-5}	526×10^{-5}	2.688×10^{4}	0.298
黄铁绢英岩化花岗质碎裂岩	12 中段 304 采场平均单轴抗压强度 86.81MPa							
	9	12-304	68.57	75.61	210×10^{-5}	1011×10^{-5}	1.562×10^{4}	0.208
	10	12-304	99.77	109.89	154×10^{-5}	972×10^{-5}	7.136×10^{4}	0.158
	13 中段 304 采场平均单轴抗压强度 92.75MPa							

表2-5 寺庄矿区大-①矿体岩石单轴压缩及变形试验结果

岩性	编号	来源	最大破坏载荷/kN	岩石单轴抗压强度/MPa	轴向压缩应变	径向拉伸应变	弹性模量/MPa	泊松比
	1	9-264	65.39	76.13	112×10^{-5}	463×10^{-5}	2.134×10^{4}	0.288
	2	9-264	62.11	62.33	89×10^{-5}	372×10^{-5}	4.074×10^{4}	0.241
	3	9-264	61.42	68.32	102×10^{-5}	391×10^{-5}	3.921×10^{4}	0.236
	10 中段 264 采场平均单轴抗压强度 68.93MPa							
黄铁绢英岩化花岗质碎裂岩	4	10-264	71.23	80.32	125×10^{-5}	547×10^{-5}	3.018×10^{4}	0.285
	5	10-264	72.44	79.43	267×10^{-5}	893×10^{-5}	1.896×10^{4}	0.261
	6	10-264	71.69	79.82	241×10^{-5}	763×10^{-5}	1.786×10^{4}	0.258
	11 中段 264 采场平均单轴抗压强度 79.86MPa							
	7	11-264	72.65	76.32	100×10^{-5}	535×10^{-5}	3.756×10^{4}	0.279
	8	11-264	70.11	75.33	98×10^{-5}	511×10^{-5}	3.321×10^{4}	0.219
	9	11-264	70.98	74.21	91×10^{-5}	493×10^{-5}	3.456×10^{4}	0.206
	12 中段 264 采场平均单轴抗压强度 75.29MPa							

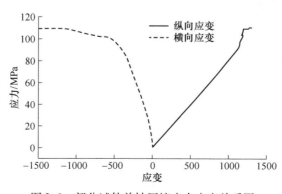

图 2-6 部分试件单轴压缩应力应变关系图

2.1.3.3   围岩三轴压缩及变形试验

岩石三轴试验是在三向应力状态下测定岩石的强度和变形的一种方法。本次试验采用的是侧向等压的三轴试验。变形试验采用与单轴时变性试验相同的方法[5]。

三轴应力试验机如图 2-7 所示。

(a)   (b)

图 2-7   TAW-2000 岩石三轴试验机及引伸计

(a) 设备全貌；(b) 引伸计

(1) 单轴抗压强度。

$$\sigma_c = \frac{p}{A} \tag{2-4}$$

式中 σ_c——岩石单轴抗压强度，MPa；

　　　　p——最大破坏荷载，N；

　　　　A——垂直于加载方向的试样横截面积，mm^2。

(2) 计算弹性模量 E 和泊松比 μ。

$$E = \frac{\sigma_{1(50)} - \sigma_{3(50)}}{\varepsilon_{h(50)}}, \ \mu = \frac{\varepsilon_{d(50)}}{\varepsilon_{h(50)}} \tag{2-5}$$

式中 $\sigma_{1(50)} - \sigma_{3(50)}$——试件主应力差的 50%，MPa；

　　　　$\varepsilon_{d(50)}$，$\varepsilon_{h(50)}$——分别为 $\sigma_{1(50)} - \sigma_{3(50)}$ 所对应的轴向压缩应变和径向拉伸应变。

(3) 各组 σ_1 与 σ_3 关系曲线，直线回归方程为：

$$\sigma_1 = \sigma_0 + k\sigma_3$$

式中　σ_0——σ_1 与 σ_3 关系曲线纵坐标的应力截距，MPa；

　　　k——σ_1 与 σ_3 关系曲线的斜率。

通过试验数据，拟合 σ_1 与 σ_3 的直线回归方程，得到 $\sigma_1 = 17.04 + 10.515\sigma_3$。

（4）按式（2-6）和式（2-7）计算 C、φ 值：

$$C = \frac{\sigma_0(1 - \sin\varphi)}{2\cos\varphi} \tag{2-6}$$

$$\varphi = \arcsin\left(\frac{k-1}{k+1}\right) \tag{2-7}$$

式中　C——岩石的黏聚力，MPa；

　　　φ——岩石的内摩擦角，(°)。

围岩的三轴抗压强度及变形参数见表2-6和表2-7，试验曲线如图2-8所示。

表2-6　寺庄矿区围岩三轴抗压强度及变形参数

岩　性	来源	编号	直径 D/mm	围压 σ_3/MPa	破坏载荷差 $(p - p_0)$/kN	轴向应力 σ_1/MPa
黄铁绢英岩化花岗质碎裂岩	10-320	1	33.60	10	132.30	159.21
		2	33.63	15	205.80	246.69
	11-304	3	33.90	10	93.10	113.15
		4	33.96	15	171.50	204.34
	12-304	5	34.14	10	115.64	136.33
		6	34.01	15	147.00	176.81
	13-304	7	33.62	10	113.30	123.83
		8	33.58	15	142.50	173.32

表2-7　寺庄矿区大-①矿体围岩三轴抗压强度及变形参数

岩性	来源	编号	直径 D/mm	围压 σ_3/MPa	破坏载荷差 $(p - p_0)$/kN	轴向应力 σ_1/MPa
黄铁绢英岩化花岗质碎裂岩	11-264	1	33.58	10	141.21	159.21
		2	33.72	15	211.36	246.69
		3	33.45	10	154.31	197.38
	12-264	4	33.23	10	103.25	111.24
		5	33.51	15	183.79	207.21
		6	33.68	10	100.23	121.39
	13-264	7	34.21	10	114.36	144.12
		8	34.35	15	150.860	177.43
		9	33.78	10	117.52	137.38

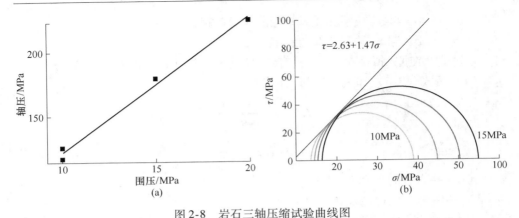

图 2-8　岩石三轴压缩试验曲线图

（a）岩石轴压与围压（$\sigma_1 \sim \sigma_3$）关系图；（b）岩石三轴压缩强度包络线图

2.1.3.4　矿石抗剪强度试验

标准岩石试样在有正应力的条件下，剪切面受剪力作用而使试样剪断破坏时的剪力与剪断面积之比，称为岩石试样的抗剪强度[6]。

利用几个不同角度的抗剪夹具做试验，得出试样沿剪断面破坏的正应力和剪应力之间的关系，以确定岩石抗剪强度曲线的一部分。

压力试验机，抗剪夹具（20°、30°、40° 3 个），卡尺及其他辅助设备。

（1）描述试样的颜色、颗粒、层理方向、加工精度等情况，在试样上画出剪切线。

（2）用游标卡尺量测试样的高、宽、长的尺寸，精确到 0.05mm，并计算剪切面的面积。

（3）把试样和抗剪夹具一起放在压力试验机的承压板上，夹具与垫板之间放滚轴以消除摩擦力，试样和抗剪夹具周围放防护罩。

（4）以 0.5~1.0MPa/s 的速度加载，直到试样剪断为止，记录下破坏时的载荷。

（5）按 20°、30°、40°不同夹具，分别逐个进行试验，每个角度做 1 件。

如图 2-9 和图 2-10 所示，为试件安装及试验图片。根据式（2-8）计算试样所受的正应力和剪应力。

$$\sigma = \frac{p\sin\alpha}{A}, \tau = \frac{p\cos\alpha}{A} \qquad (2\text{-}8)$$

式中　　σ——抗剪断面上平均正应力，MPa；

　　　　τ——抗剪断面上平均剪应力，MPa；

　　　　α——抗剪夹具的角度（剪力与竖直方向），（°）；

　　　　p——试样破坏时的载荷，N；

　　　　A——剪断面积，mm^2。

图 2-9 岩石变角剪示意图

图 2-10 岩石变角剪加载示意图

试验结果见表 2-8 和表 2-9。剪应力曲线如图 2-11 所示，利用 Origin 对散点进行拟合，得到 $y = 0.9536x + 8.4101$，可知 $C = 8.41\,\mathrm{MPa}$、$\varphi = 43.64°$。

表 2-8 寺庄矿区矿石抗剪试验数据表

试样来源	含水状态	尺寸		夹具角度 /(°)	破坏载荷 /kN	剪应力 /MPa	正应力 /MPa
		边长/mm	面积/mm²				
10-320 采场	烘干	49.11	2411.79	20	32.17	12.04	4.46
	烘干	48.89	2390.23	30	96.14	32.36	19.26
	烘干	49.47	2447.28	40	138.04	40.25	33.79
11-304 采场	烘干	49.56	2456.19	20	54.43	20.24	7.36
	烘干	49.48	2448.27	30	63.36	21.66	12.58
	烘干	49.74	2474.07	40	103.23	31.52	25.67
12-304 采场	烘干	49.65	2465.12	20	22.66	8.18	2.99
	烘干	49.69	2469.10	30	36.26	12.17	6.96
	烘干	49.89	2489.01	40	95.86	27.83	23.47

表 2-9 寺庄矿区大-①矿体矿石抗剪试验数据表

试样来源	含水状态	尺寸		夹具角度 /(°)	破坏载荷 /kN	剪应力 /MPa	正应力 /MPa
		边长/mm	面积/mm²				
11-264 采场	烘干	49.32	2432.46	20	36.21	13.01	5.01
	烘干	48.91	2392.19	30	81.28	32.47	20.36

试样来源	含水状态	尺　寸		夹具角度/(°)	破坏载荷/kN	剪应力/MPa	正应力/MPa
		边长/mm	面积/mm²				
12-264 采场	烘干	49.33	2433.45	20	55.81	19.86	8.13
	烘干	49.56	2456.19	30	66.18	22.36	12.98
13-264 采场	烘干	49.21	2421.62	20	38.27	9.32	3.21
	烘干	49.38	2438.38	30	42.39	11.89	7.18

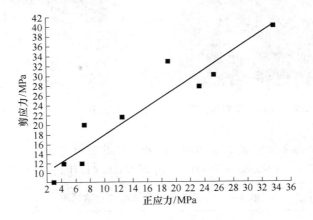

图 2-11　剪应力曲线图

2.2　节理硬岩强度特征与损伤演化规律

2.2.1　现场取样及加工

在现场取样的基础上，选取了部分试件进行进一步的深入研究，试件如图 2-12 所示。

2.2.2　试验设备及方案

2.2.2.1　试验设备

（1）三轴试验机。采用 TAW-2000 岩石伺服三轴压力试验机。

（2）声发射监测系统。采用 PCI-2 型声发射监测系统，该系统具有 18 位 A/D，1kHz～3MHz 频率范围。PCI-2 具有独特的波形流数据存储功能，可将声发射波形以每秒 10 兆采样点的速率连续不断地存入硬盘。PCI-2 上装有 8 个可选参数通道，该通道有 16 位的 A/D 转换器，速度为 10000 个/s；并行多个 FPGA 处理器和 ASIC IC 芯片，可提供非常高的性能和更低的成本；数字信号处理器可以达到

图 2-12 岩块加工及成品图片

高精度和可信度的要求；该系统除了具有全部的声发射功能外，还可以作为通用的数字信号处理卡和高性能的研发工具；可提供 Labview/C + + 驱动开发程序[7-9]。

本试验采用 2 个声发射传感器监测岩石破坏的声发射信号。

2.2.2.2 试验方案

试验以深部岩石为研究对象，为了模拟深部高应力赋存条件，拟定岩样处于三向应力状态，围压分别为 10MPa、20MPa、30MPa 及 40MPa。

在试验中，先同时增轴压和围压，当两者增加到预定值后，此时保持围压恒定，以 0.1MPa/s 的速率继续增加轴压，直至岩样完全破坏，分别对 4 种围压进行试验。在试验过程中，分别采集应力、应变、时间、声发射计数等数据进行记录。其中，应力峰值之前采用应力控制方式，峰后采用应变控制方式。

2.2.3 试验结果分析

2.2.3.1 强度特征

如图 2-13(a) ~ (d) 所示，围压分别为 10MPa、20MPa、30MPa 及 40MPa 时，岩石的全应力 - 轴向应变曲线，由于岩石内部有大量细小节理和不均匀结晶，在试验结果中体现为存在一定的各向异性。由图 2-2 可知，岩石抗压强度随着围压的增加而提高。

由图 2-13 可得，当围压分别为 10MPa 和 20MPa 时，轴向应力存在明显的峰值点，且峰值延续阶段非常短暂，表现出了明显的脆性特征，当到达峰后阶段时，应力数值急速的下降，微小的轴向应变也会导致应力迅速降低，且峰后残余强度非常小。继续提高围压至 30MPa 时，峰值强度继续提高，但应力峰值点消失，变为峰值阶段，峰后末端具有明显的残余强度。当围压继续增加达到 40MPa

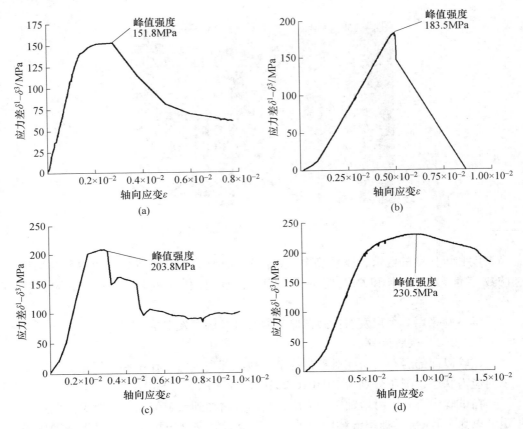

图 2-13　常规三轴加载路径下应力 – 应变曲线

(a) 10MPa；(b) 20MPa；(c) 30MPa；(d) 40MPa

时，岩石破坏过程中产生了塑性屈服平台，峰后末端具有明显的残余强度，即发生较大变形后应力没有大幅下降，仍具有一定的承载力，岩样出现了脆延转化的特征。

2.2.3.2　岩石破裂特征分析

常规三轴加载条件下，围压的不同导致岩石破坏形式不同，如图 2-14(a) ~ (d)所示。

对比 4 个图可明显看出，无论围压大小，基本由于单一破裂面的剪切破坏使得岩样发生破坏。进一步对比，主破裂面的倾角随着围压的升高而变大，尤其是当围压等于 40MPa 时，角度大于 65°，相比另外 3 组试验，角度产生了较大的增幅，且破坏后的岩样具有膨胀的特征[10]。

对比不同围压作用下的破裂情况可得，围压为 10MPa、20MPa、30MPa 时，岩石破裂由一条主破裂面引起，并伴随有若干表面裂隙。当围压为 40MPa 时，

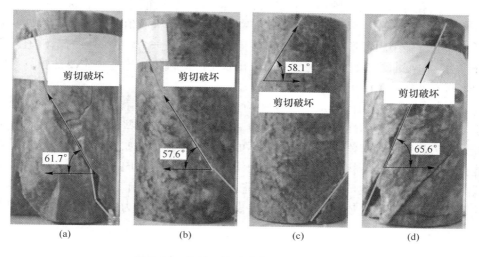

图 2-14　常规三轴试验岩石破坏形式图
（a）10MPa；（b）20MPa；（c）30MPa；（d）40MPa

岩石破裂时只产生一条较大的主破裂面，随着围压的增加，主破裂面角度也在逐渐增加。

当围压较小时，大部分次生裂隙沿着轴向发展，岩样内部的破坏形式主要为拉裂破坏。此时较小的围压难以有效地限制试件的径向膨胀，使得在轴压增大时，膨胀作用更加明显，岩样即出现拉裂破坏。当围压作用逐渐加强，对径向膨胀的抑制作用也逐渐增加，到达某一定值即可有效限制岩样的径向膨胀，次生裂隙减少，破坏形式逐渐转为剪切破坏。

2.2.4　基于声发射的岩石卸荷破坏损伤演化规律

2.2.4.1　声发射计数率变化规律

持续而强烈的声发射信号反映了岩石内部微裂隙快速发育、扩展直至贯通，岩石的宏观结构发生破坏，导致岩石中储存的能量被快速放出，过程如图 2-15 所示。因此，轴向应力–时间–声发射计数曲线可在一定程度上反映出岩石的破坏进程，将声发射计数全应力–应变曲线相结合，特征应力可更为准确地获得。轴向应力增加至峰值强度后，内部微裂隙快速发育、扩展、贯通，形成宏观破裂面，但是岩石整体依然可保持原状。

脆性岩石的应力应变行为有 4 个典型阶段：孔隙裂隙压密阶段，弹性变形阶段，塑性及破坏阶段，峰后阶段。根据上面分析的全应力–应变曲线并结合声发射参数图，可以认为闪长岩破坏过程中的应力变化特征与声发射计数变化规律相吻合，且与应力应变变化阶段也是基本符合的。广义应力应变行为的连续阶段是：

(1) 孔隙裂隙压密阶段。在此阶段轴向应力水平很低，产生的声发射事件振铃计数小且稀疏。声发射事件能量等参数同样处于极小值，但因试验条件的限制，部分试验中因背景噪声的影响，使声发射计数有一个较为明显的基础值。部分应力－应变曲线在此低应力水平阶段出现下凹的现象，这是由主要孔隙和裂缝随着压实增加而关闭引起的。

(2) 弹性变形阶段。从全应力－应变曲线中我们可清楚看出两者的线性关系，到目前为止，弹性性能主导着应力－应变关系。在一些研究中，弹性行为的开始称为裂纹闭合阈值。然而，一些不可逆转的过程，例如裂纹闭合或开口，可能会发生，而不会干扰应力应变行为的线性。此阶段中轴向和体积变形的应变曲线都是线性的，这也导致线性横向膨胀。此时，声发射计数也开始有小范围变化，整体呈增加的趋势，即微裂隙开始发育，随着轴向应力的继续增大，微裂隙进一步发展。

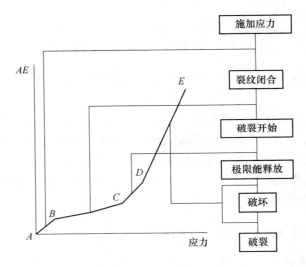

图 2-15　声发射信号与岩石破坏过程对照示意图

(3) 塑性行为及破坏阶段。裂纹开始扩张并扩大是通过弹性行为的应变曲线的偏离来表征的。轴向应变的增加速率基本上更高，这表明裂纹开口的体积变化主要是在剪切应力的方向上引起的。也可以认为，这个阶段是从脆弱到易延展的过渡的开始。此时声发射计数发生突变，并形成一组较强的声发射信号群，声发射振铃计数上升十分明显，且保持在较高的水平。由于裂缝张开而导致岩石开始发生永久性损坏，不稳定裂纹快速发展、增长并导致岩石体积增加。当轴向应力快要达到峰值强度时，声发射信号开始出现较大幅度的突变，而且声发射计数保持在了较高的水平，声发射计数峰值也在此阶段产生，剧烈且密集的声发射活动也反映了岩样宏观结构的破坏程度。

（4）极限应力峰后阶段。此阶段裂纹继续扩展，体积应变持续增加。岩样表现出黏塑性变形，保持恒定的轴向应力导致体积应变持续线性增加，但速度降低。这说明了裂纹扩展过程的总体不可逆性和不稳定性，轴向应力已经超过岩石的承载能力。岩样发生破裂后，裂缝或弹性压实的关闭仍在继续，而核心的其他地方的裂缝开始生长。声发射信号继续保持较高水平，但此阶段主要破坏行为已转变为主破裂面的相互滑移，即此滑移同样会造成强烈的声发射事件，但此时岩石强度已大大降低，声发射事件的振铃参数无法反映岩石的强度损失，已失去了其意义。

2.2.4.2 常规三轴路径下声发射阶段变化

常规三轴试验中的试样，应力应变行为都可分为 4 个典型阶段：孔隙裂隙压密阶段，弹性变形阶段，塑性及破坏阶段，峰后阶段。而岩石破坏阶段的声发射特征也可大致分为 4 个阶段，分别为初始低能量区，峰前声发射平静区，峰值突变爆发区，峰后破坏密集区。

图 2-16（a）～（d）显示了不同围压下（10MPa、20MPa、30MPa 及 40MPa）闪长岩轴向应力 – 时间 – 声发射计数的振铃计数变化规律。从图 2-16 可以看出，应力峰值点对应着突然增大的声发射计数值，此现象表明声发射计数与岩样内部裂隙的扩展具有明显相关性，而且声发射计数会在岩样破坏时发生突变，在极限应力附近达到峰值。从图 2-16 中还可以发现，当轴向应力接近峰值强度时，声发射计数会提前突变到较大值，并形成一组较强的声发射信号群，声发射振铃计数上升十分明显，且保持在较高的水平。

应力加载初期，声发射计数有一个小范围的突变，但能量较低，岩石内部裂隙开始闭合，由于闭合裂纹之间产生相对位移，会产生较低水平的声发射现象，能量较低，对应于图上即为初始低能量区。但之后声发射计数会处于一个相对平静的阶段，从全应力 – 应变曲线中我们可清楚看出两者的线性关系，此时处在峰前声发射平静阶段。到目前为止，这种现象在理论上还没有得到很好的解释。具备该峰前声发射特性，即会出现"相对平静期"现象。随着负荷的不断增强以及围压的恒定，岩石内部裂隙开始发育、扩展，当应力还未达到峰值强度，声发射计数已产生突变，并迅速达到峰值。继续加载，此时岩石内部裂隙间的相互作用开始加剧，交叉贯通逐渐形成宏观破裂面，声发射也随之进入峰值突变爆发区，此时声发射事件振铃计数到达一个峰值的水平，且声发射密度也有显著提高。当轴向应力开始出现下降时，声发射计数依然保持在较高水平，但此阶段主要破坏行为已转变为主破裂面的相互滑移，此时宏观裂纹发展趋势渐缓，细小裂隙开始被压合，此时声发射计数仍处于较高水平，但有逐渐降低的趋势，即处于峰后破坏密集区。

2.2.4.3 岩石损伤规律分析

本节主要选用振铃计数和累计计数来对岩石损伤特性进行描述。损伤变量可

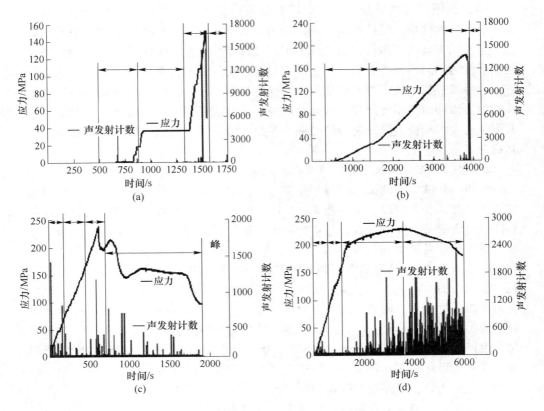

图 2-16　常规三轴路径下声发射计数 – 时间 – 应力关系

（a）10MPa；（b）20MPa；（c）30MPa；（d）40MPa

按式（2-9）计算：

$$D = \frac{S_{\mathrm{d}}}{S} \tag{2-9}$$

式中　S_{d}——岩样出现损伤的面积；

　　　S——初始无损伤时的面积。

设无损材料整个截面 S 完全破坏的累计声发射振铃计数为 $A_{总}$，则单位面积微元破坏时的声发射振铃计数 A_{w} 为

$$A_{\mathrm{w}} = \frac{A_{总}}{S} \tag{2-10}$$

当断面损伤面积达 S_{d} 时，累计声发射振铃计数 A_{d} 为：

$$A_{\mathrm{d}} = A_{\mathrm{w}} S_{\mathrm{d}} = \frac{A_0}{S} S_{\mathrm{d}} \tag{2-11}$$

所以有：

$$D = \frac{A_\text{d}}{A_\text{总}} \tag{2-12}$$

常规三轴试验中，从开始加载到 $\sigma_1 = \sigma_2$ 等于预定初始围压为阶段一，累计计数记为 A_1；保持轴压恒定继续加载 σ_1 至 $\sigma_1 = 0.8\sigma_c$ 为阶段二，累计计数记为 A_2；持续增加 σ_1 至应力峰值 σ_c 为阶段三，累计计数记为 A_3。恒轴压卸围压试验中，从开始加载到 $\sigma_1 = \sigma_2$ 等于预定初始围压为阶段一，累计计数记为 A_1；保持轴压恒定继续加载 σ_1 至 $\sigma_1 = 0.8\sigma_c$ 为阶段二，累计计数记为 A_2；卸载围压至岩石应力大幅下降为阶段三，累计计数记为 A_3。增轴压卸围压试验中，从开始加载到 $\sigma_1 = \sigma_2$ 等于预定初始围压为阶段一，累计计数记为 A_1；保持轴压恒定继续加载 σ_1 至 $\sigma_1 = 0.8\sigma_c$ 为阶段二，累计计数记为 A_2；增加轴压卸载围压至岩石应力大幅下降为阶段三，累计计数记为 A_3。

表 2-10 分别为各应力加载阶段与损伤变量的关系。

表 2-10　不同围压下三种方案各阶段损伤变量

围压/MPa	10	20	30	40
常规三轴	0.20	0.15	0.12	0.20
	0.51	0.64	0.65	0.44
	0.29	0.21	0.23	0.36
	0.09	0.13	0.04	0.13

图 2-17 分别为 3 种应力路径下各阶段对应的损伤变量。从图 2-17 可明显看出，在常规三轴试验中，无论在何种围压下，第二加载阶段的损伤变量均占比最大，即恒定围压增加轴压至 $\sigma_1 = 0.8\sigma_c$ 过程对岩石的损伤程度最大。

图 2-18 为各阶段的损伤变量与围压的关系，常规三轴加载试验中，通过对 4 种围压下的数据点进行拟合，发现各阶段的损伤变量与围压没有明显的线性关系，当围压超过 30MPa 时，原本占比较高的第二加载阶段的损伤变量有下降趋势，从 $\sigma_1 = 0.8\sigma_c$ 加载到应力峰值的过程中集中了更多的破坏，即当围压增大，轴向峰值应力也逐渐增大，岩石越难被破坏，所以到应力峰值的加载路径也更长，使得损伤变量出现增大的趋势，此阶段产生了更多的岩石损伤。

传统的应力 – 时间 – 声发射计数图虽然可以展现声发射时间活跃点的位置，但是从图上无法看出声发射计数密度的大小，从而在判断岩石破坏程度时产生误差。所以添加各个时间节点损伤变量变化的意义在于，首先可以将其与声发射计数进行对比，了解各段声发射计数的密集程度；还可以将其与应力变化相对比，探究在不同的应力加载阶段岩石的破坏程度的强弱。

图 2-19(a)～(d) 显示了常规三轴加载路径不同围压下应力、声发射计数、损伤变量与加载时间之间的关系。

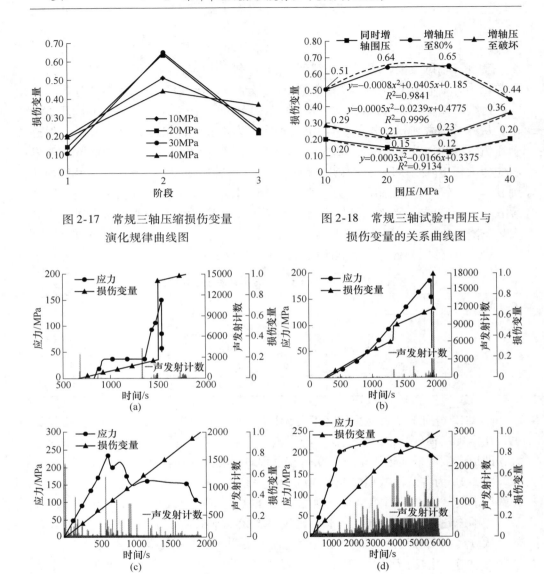

图 2-17　常规三轴压缩损伤变量演化规律曲线图

图 2-18　常规三轴试验中围压与损伤变量的关系曲线图

图 2-19　常规三轴加载路径不同围压下应力、声发射计数、损伤变量与加载时间之间的关系
（a）10MPa；（b）20MPa；（c）30MPa；（d）40MPa

　　当围压为 10MPa 时，损伤变量在轴向应力峰值前有明显突变，且此点产生的损伤变量占比接近 80%，即此点的声发射计数密度远大于其他阶段，岩石破坏主要在此点完成。在突变之前，损伤变量呈现缓慢增长的趋势，岩石的微裂隙发育速度较为均匀，宏观裂纹发展处于初期阶段，速度缓慢。当围压为 20MPa 时，损伤变量发生突变的位置有两处：其中一处为轴向应力峰值点，损伤变量变

化量约为0.4，岩石在此点发生剧烈地破坏，使得声发射计数密度增大，另一处突变点与应力无明显对应关系，可能为岩石内部节理构造引起的小范围破坏。与围压为10MPa时相对比，岩石在突变点的损伤变量变化量明显减少，即岩石在此阶段破坏程度更小。

围压达到30MPa与40MPa时，损伤变量的变化更为均匀，已没有明显的突变点。围压的增大使得岩石的峰后强度能保持更长，在应力–时间全路径中，损伤变量同样保持均匀增长，此时轴向应力与损伤变量的关系也更加不明显。

2.3 本章小结

本章以取自焦家金矿的深部花岗岩为研究对象，开展常规三轴加载试验，并采用声发射进行监测，研究岩石破坏前后声发射相关参数的变化特征，总结出深部硬岩破坏损伤演化规律，同时，考虑节理的影响，建立了考虑单节理倾角的损伤本构模型及强度准则，现取得以下主要结论：

（1）岩石内部裂隙的发展都具有明显的阶段性特征，当围压作用不明显时岩样破坏形式主要为拉裂型，当围压作用增强时，破坏形式逐渐转为剪切破坏，张拉裂缝贯通形成剪切破裂面。

（2）常规三轴试验中，声发射演化可大致分为4个阶段，分别为初始低能量区，峰前声发射平静区，峰值突变爆发区，峰后破坏密集区；声发射计数到达峰值的时间要早于应力峰值出现的时间。

（3）引用损伤变量的定义：某一阶段累计振铃计数与破坏过程总累计振铃计数之比，比值记为损伤变量。在常规三轴试验中，无论在何种围压下，第二加载阶段的损伤变量均占比最大。在常规三轴加载路径中，随着围压的增大，在轴向应力增大至岩石破坏过程中，损伤变量变化更加均匀，即破坏趋于均匀平缓。

3 深部围岩节理裂隙统计分析及围岩稳定性分级

3.1 现场节理裂隙统计分析及关键块分析

3.1.1 ShapeMetrix 3D 系统简介

ShapeMetrix 3D 是奥地利公司生产的一套软件和测量产品，是一个全新的、代表当今最高水平的岩体几何参数三维不接触测量系统，应用到岩土工程、工程地质和测量方面，用来构建岩体和地形表面真三维数字模型，提供相应软件分析系统对三维数字模型进行处理，来得到岩体大量、翔实的几何测量数据，以记录边坡、隧道轮廓和表面实际岩体不连续面的空间位置和产状、确定采矿场空间几何形状、确定开挖量、危岩体稳定性鉴定、块体移动分析等。

该系统适合于科学研究，广泛应用于计算机分析实验室、仿真中心、工程计算中心等。它是一个全新的能够得到三维图像表面的系统，并可以完全保存现场所有数据，用于以后室内测量分析。一般应用于隧道掘进、采矿、不同种类的文件编录，真实记录保存现场三维图像及数据，并进行后期处理、测量、分析。

3.1.1.1 系统组成

ShapeMetrix 3D 系统主要部件如图 3-1 所示。

(1) 成像单元主要是已标定好的一千万像素的 Cannon 数码相机和三脚架，以及用于对不同环境情况下的岩体所选用的不同镜头，如图 3-2 所示。镜头的选择取决于是大型的露天边坡或是空间很小的地下巷道。在软件处理过程中，系统会根据不同镜头的光学参数，确定畸变系数，将模型修正到真实的形状。

(2) 笔记本中所安装的软件包，用于将已在现场获取到的图像进行三维模型的生成及处理。软件系统包括：SMX ReconstructionAssistant，生成三维实体；SMX SurfaceTrimmer，裁剪边缘不准确的部分；ModelMerger，用于连续两个三维模型的拼接；SMX Normalizar (for local measurements) 用于将所生成的三维实体标准化（长度、倾向、倾角等），SMX Referencer (for globel measurements)，导入三维实体全球精确坐标（由全站仪获得准确坐标）；JMX Analyst，分析三维

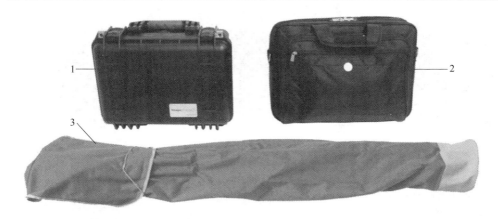

图 3-1 系统主要部件

1—成像单元；2—软件系统；3—用于标准化模型的标杆

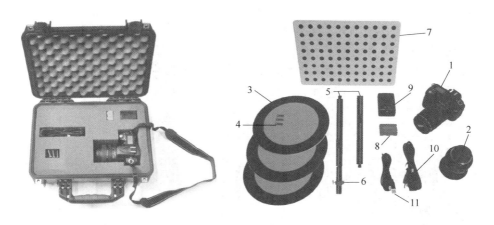

图 3-2 成像单元

1—相机；2—镜头；3—标志盘；4—标志线；5—支撑杆；6—支撑杆紧固；
7—反光板；8—垫块；9—固定块；10—数据线；11—充电线

实体模型中的各种结构面，对其进行分组，计算节理裂隙的各种几何信息，导出相应的测量结果并绘制出赤平极射投影图、等高线图等，并对结构面的几何信息做初步的数理统计分析用于对使用不同镜头的光学参数的校正（由厂家已标定好）。

（3）标杆（图 3-3）使用的时候将其垂直地表立于所测量岩体前，主要作用是：1）在软件处理过程中，输入标盘上下两个点的距离，通过这个相对距离确定出最后生成的三维模型上任意两点的距离；2）标杆垂直于地表，从而以标杆为标准确定出三维模型上结构面的倾角。

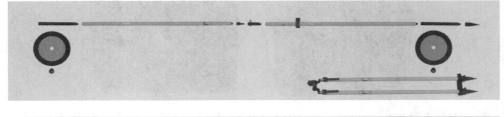

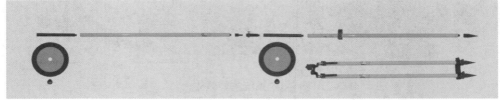

图 3-3　标杆

3.1.1.2　系统使用的主要步骤

（1）将标杆垂直地表立于所测岩体前。

（2）在左右 2 个位置对岩体照相，镜头离所测岩体的距离 D 以及两次成像位置之间的距离 B 如图 3-4 所示，其中：$B = D/8 - D/5$。

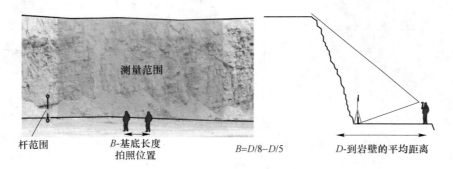

图 3-4　使用时测量位置要求

（3）在岩体表面找到一块露头的、区域比较大、比较平滑的结构面，用罗盘量出倾向，用于后处理时图像的方位真实化。

（4）将所获取的左右视图导入软件系统。

（5）通过这 2 个左右视图中的像素点（数码照片是由像素点组成的）采用一系列的技术（基准标定、像素点匹配、图像变形偏正纠正等），去对应合成岩体表面三维图像。

（6）输入通过标杆或者控制点所确定的距离以及罗盘量出的倾向，使三维图像的方位和尺寸、距离真实化，还可通过全站仪等获取岩体的表面任意点的真实坐标，输入到合成的三维模型中，使模型的坐标也真实化，如图 3-5 所示。

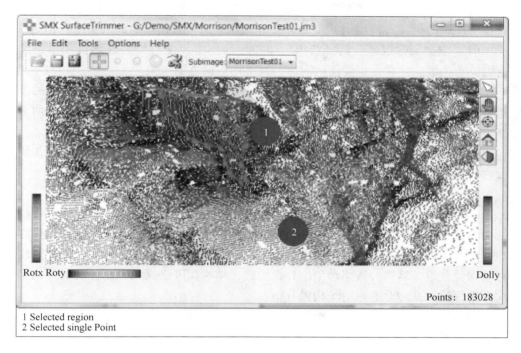

图 3-5　选择并输入罗盘的倾向

（7）对岩体结构面进行识别、分组、分析，导出相应的测量结果，绘制出赤平投影图以及间距图等。

3.1.1.3　系统的主要优点

（1）解决了使用精测线法现场节理、裂隙信息获取低效、费力、耗时、不安全，甚至难以接近实体和不能满足现代快速施工要求的弊端，真正做到现场岩体开挖揭露的节理、裂隙的即时定格、精确定位。

（2）使用传统方法现场真正需要测量的具有一定分布规律和统计意义的Ⅳ级和Ⅴ级结构面几何形态数据无法做到精细、完备、定量的获取，该系统完全可以胜任，使得现场的数据可靠性和精度满足进一步分析的要求。

3.1.2　利用蒙特卡洛方法模拟岩体结构面

3.1.2.1　建立岩体结构面概率模型的依据

矿山井下岩体断面很典型，出露规模较大，对其结构面进行测量统计和概率分析，完全能够反映岩体结构面的分布规律。从理论上讲，建立岩体结构面几何参数概率模型的依据有以下几点：

（1）岩体中同一构造区中同一级别的结构面的空间分布由结构面产状、迹长、间距、断距和张开度 5 个参数决定，这些几何参数是符合某一特定概率密度分布的连续随机（或准随机）变量，并能用相应的密度分布函数来描述。

（2）根据大数定理，只要获得足够数量的样本，便可得到该随机变量的准密度分布函数，并在一定置信区间内，其平均值偏近期望值。

（3）已知密度分布函数，便可用蒙特卡洛方法模拟服从这些分布函数的准随机变量，当产生样本足够大时准随机变量便在统计上等价于随机变量，即两者有很好的统计一致性。

（4）任何模拟结果的统计分析，都在一定程度上反映实际岩体结构面几何参数的统计特征。

3.1.2.2　岩体结构面几何参数的概率模型

岩体结构面几何参数的概率模型是按结构面组建立的，所以，首先确定岩体结构面组数及每组结构面的代表性产状。岩体中结构面的发育具有一定的规律性和方向性，即成组定向。结构面也有不同的成因，形成时期也不相同，因此可以对结构面分组。结构面概率模型应分组构建，结构面网络模拟也是分别对各组结构面进行模拟，因此必须对结构面分组。

结构面分组是构建结构面概率模型、保证结构面网络模拟精度的重要环节之一，在分组时应遵循以下原则：

（1）结构面分组应在野外工程地质调查的基础上进行。野外调查不仅要进行结构面的采样统计，而且要对研究区发育有几组结构面，各自的工程特性如何有一个总体的宏观认识，在此指导下进行结构面分组。否则，完全依靠采样数据分组可能会由于分组界限选择不当，如划分的过细或过粗等原因，而导致结构面分组与实际情况有较大差别。

（2）分组时应保证结构面不被遗漏，否则会影响结构面间距和数量的准确性。

（3）分组范围不应有交叉，各组结构面之间应互相排斥，每组结构面都必须并且只能被分到一个组内。

（4）结构面分组应主要依据结构面产状。对于主要结构面，应结合其他因素如成因类型等进行补充判断。例如，有一条断层带通过统计区，就不应该把它作为普通结构面分到与其产状相接近的结构面组内，而应作为主要结构面直接反映到结构面网络中。

岩体内部结构面的发育具有随机性，这已经为国内外的众多研究所证实。结构面发育具有随机性，是指结构面的各几何参数具有随机性，是随机变量，因此可以用相应的概率分布来描述。同时也正是由于它们具有随机性，才可以用以概率论和统计学理论为基础的蒙特卡洛随机模拟方法为原理，根据现场结构面统计测量得出的分布率来反求各参数的（伪）随机数，进而产生一个与真实岩体结构在统计上完全等效的结构面网络图形。岩体结构面几何参数统计中常见的概率模型见表3-1。

表3-1 结构面几何参数常见概率分布形式及表达式

分布率	数字表达式	适用的参数
均匀	$P(x) = \dfrac{1}{b-a}(a \leq x \leq b)$	倾向、倾角
负指数	$P(x) = \lambda \cdot e^{-\lambda \cdot x}(x > 0)$	迹长、间距
正态	$P(x) = \dfrac{1}{2\pi\sigma}e^{\frac{-1}{2}\left(\frac{x-\mu}{\sigma}\right)^2}$	倾角、倾向、迹长
对数正态	$P(x) = \dfrac{1}{\sqrt{2\pi}\sigma}e^{\frac{-1}{2}\left(\frac{\ln x-\mu}{\sigma}\right)^2}(x > 0)$	倾角、倾向、迹长

3.1.3 岩体结构面数字摄影测量及结构面模拟

3.1.3.1 节理岩体表面三维合成及结构面信息获取

本次测点选取寺庄矿区13中段304进路采场光线不足，未能成功进行测点。主要选取10中段的324进路采场、11中段以及12中段的304进路采场，共选取测点6个，合成使用视图3个。

篇幅所限，仅列举部分结果。

A 10中段324进路采场测点

图3-6和图3-7分别为获取的左、右视图和岩体三维合成图；图3-8～图3-10分别为节理分布、赤平投影、间距图；图3-11～图3-14分别为倾向、倾角、间距、迹长分布规律图。结构面几何参数特征值及分布率见表3-2。

图3-6 获取的左、右视图

图 3-7　岩体三维合成图

图 3-8　节理分布图

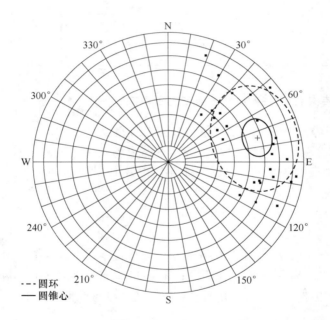

图 3-9　赤平投影图

表 3-2　结构面几何参数特征值及分布率

组别	结构面几何参数特征值											
	倾向/(°)			倾角/(°)			迹长/m			间距/m		
	分布率	均值	标准差	分布率	均值	标准差	分布率	均值	标准差	分布率	均值	标准差
1	负指数	254.1	15.4	正态	58.1	13.2	负指数	0.89	1.6	正态	0.39	1.09

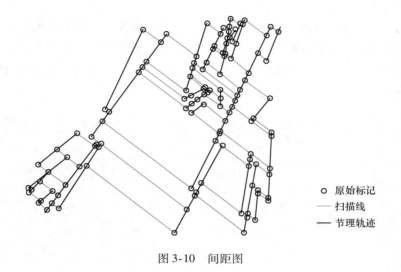

图 3-10　间距图

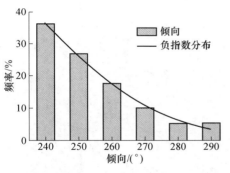

图 3-11　倾向分布规律

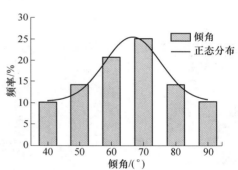

图 3-12　倾角分布规律

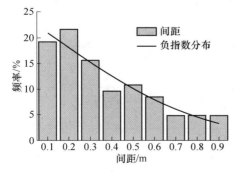

图 3-13　间距分布规律

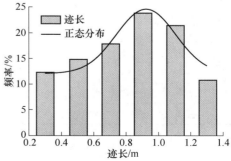

图 3-14　迹长分布规律

B　11 中段 304 进路采场测点

在 11 中段 304 进路采场测点获取的左、右视图及岩体三维合成图如图 3-15 和图 3-16 所示；节理分布、赤平投影、间距图如图 3-17 ~ 图 3-19 所示；倾向、倾角、间距、迹长分布规律如图 3-20 ~ 图 3-23 所示。结构面几何参数特征值及分布率见表 3-3。

图 3-15　获取的左、右视图

图 3-16　岩体三维合成图　　　　　　　图 3-17　节理分布图

表 3-3　结构面几何参数特征值及分布率

组别	结构面几何参数特征值											
	倾向/(°)			倾角/(°)			迹长/m			间距/m		
	分布率	均值	标准差	分布率	均值	标准差	分布率	均值	标准差	分布率	均值	标准差
1	正态	75.3	15.5	正态	56.0	14.3	负指数	1.09	1.51	正态	0.38	1.09

C　12 中段 304 进路采场测点

图 3-24 和图 3-25 分别为岩体三维合成和节理分布图；图 3-26 和图 3-27 分别为节理赤平投影和节理间距图。结构面几何参数特征值及分布率见表 3-4。

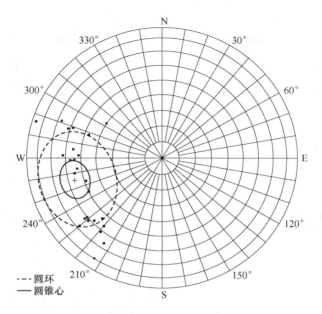

圆环
圆锥心

图 3-18　赤平投影图

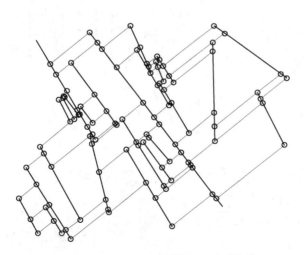

○ 原始标记
— 扫描线
— 节理轨迹

图 3-19　间距图

表 3-4　结构面几何参数特征值及分布率

组别	结构面几何参数特征值											
	倾向/(°)			倾角/(°)			迹长/m			间距/m		
	分布率	均值	标准差	分布率	均值	标准差	分布率	均值	标准差	分布率	均值	标准差
1	负指数	72.2	13.1	正态	67.3	12.8	负指数	0.56	1.11	负指数	0.36	1.21

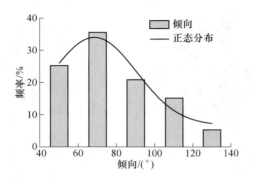

图 3-20　倾向分布规律

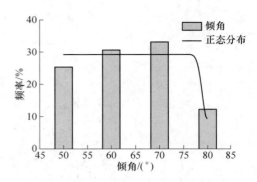

图 3-21　倾角分布规律

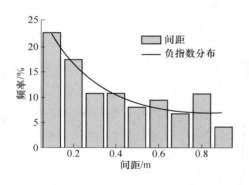

图 3-22　间距分布规律

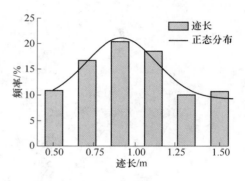

图 3-23　迹长分布规律

图 3-24　岩体三维合成图

图 3-25　节理分布图

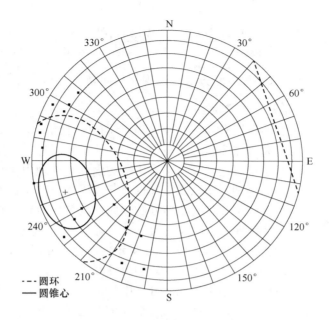

图 3-26 节理赤平投影图

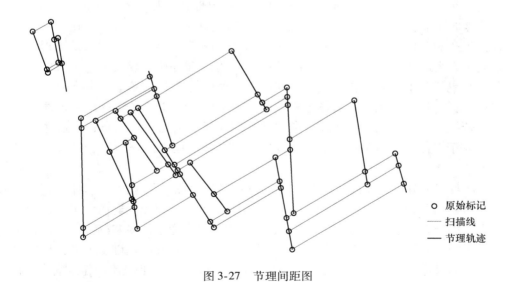

图 3-27 节理间距图

3.1.3.2 结构面参数统计结果汇总

将所有测点数据进行参数汇总归纳，获得焦家金矿岩体结构面参数汇总表，表中包含岩体结构面的主要参数，如倾向、倾角、迹长、间距以及结构面条数等。

3.2　围岩稳定性分级及力学参数计算

3.2.1　金属矿山围岩稳定性分级方法研究现状与问题

3.2.1.1　围岩稳定性分级方法概述

岩体工程质量是岩体所固有的、影响工程岩体稳定性的最基本属性，岩体基本质量由岩石坚硬程度和岩体完整程度所决定。岩体工程质量是复杂岩体工程地质特性的综合反映。它不仅客观地反映了岩体结构固有的物理力学特性，而且为工程稳定性分析、岩体的合理利用以及正确选择各类岩体力学参数等提供了可靠的依据。岩体稳定性是指处于一定时空条件的岩体，在各种力系（自然的、工程的）作用下可能保持其力学平衡状态的程度。岩体承受应力导致在体积、形状或宏观连续性方面发生变化，当宏观连续性无显著变化时为变形，否则称为破坏。变形破坏方式与进程的特点，既取决于岩体的岩性和结构，也与所承受的应力状态及其变化有关。岩体稳定性是工程地质分析中的一个中心问题，应对上述变化和效应作出论断和预测，并评价它们对人类活动可能造成的影响。

岩体工程质量和岩体稳定性评价与岩体工程设计、施工是相互作用、相辅相成的。在岩体工程设计之前，对岩体质量和稳定性评价是必不可少的一项工作。正确地对工程岩体稳定性作出评价，是岩体开挖和加固支护设计、快速施工以及保证生产安全必不可少的条件。因此岩体工程质量和稳定性评价是采矿工程设计及施工方案选择的基础，也是矿山进行科学管理和评价经济效益不可缺少的，目的是更科学地指导岩体工程设计和施工。评价的准确性将直接影响到采矿方法的选择、设计与优化。岩体工程设计、施工要以岩体工程质量和稳定性评价作为依据，采矿方法、采场设计参数的合理选择、采场的合理布置，这些都直接建立于岩体质量的工程分类上，以保证在开采过程中的安全性、可行性和经济性。

工程岩体分级是评价工程岩体稳定性的前提。目前，国内外对岩体工程质量（稳定性）评价颇为流行的做法是对岩体工程（质量）分级。岩体稳定性评价—工程岩体分级是建立在以往工程实践经验和大量岩石力学试验基础上，在综合考虑了影响岩体稳定性的各种地质条件和岩石物理力学特性的基础上，进行地质勘察（节理裂隙、断层、地下水等）和岩石力学试验，就能据此确定岩体级别，作出稳定性评价。

岩体质量评价研究经历了近一个世纪的发展，而且地下工程岩体质量评价研究较其他工程开展得更早更完善。岩体分类从早期的较为简单的岩石分类，发展到多参数的分类，从定性的分类到半定量定量的分类，经过了一个发展过程。主要的早期分类方法见表3-5。

表 3-5 岩体质量分级方法（早期）

年份	国家	人 名	分 类 名 称	级数	备 注
1926	苏联	普罗脱亚克诺夫	普氏系数 f 分类	10	按岩石坚固系数进行分类
1936	苏联	Ф. М. Садренский（萨瓦连斯）	岩石单轴抗压强度分类	4	按岩石单轴抗压强度进行分类
1941	苏联	H. H. Маспов（马斯洛夫）	岩石地质技术分类	5	对岩石强度、可溶性、坝基变形性质、透水特性进行定性描述
1946	苏联	Terzaghi（太沙基）	以岩石种类描述和岩石载荷相结合的分级方法	10	按岩石坚硬程度对原状岩石到膨胀岩石进行分类
1958	奥地利	Lauffer（劳弗尔）	Lauffer 分类	7	按照岩石自稳时间进行定性描述
1959	美国	Deere（迪尔）	RQD 分级方法	5	按岩石强度和岩体完整性分类
1960	日本	田中	电研式岩体分类	6	对岩石风化程度、节理结合状态作定性描述
1969	日本		土质土工学会的岩体分类	6	对岩石强度、节理间距、弹性波速进行定性描述
1969	日本		土研式岩体分类	4	对岩石强度和节理性状进行定性描述

进入 20 世纪 70 年代以后，岩体质量分类由定性向定量，由单因素向多因素方向发展。20 世纪 70 ~ 90 年代主要的分类方法见表 3-6。

表 3-6 岩体质量分级方法

年份	国家	人 名	分 类 名 称	级数	备 注
1973	南非	Bieniawski	RMR 分类	5	以岩石的单轴抗压强度、RQD、不连续面方向和间距、不连续面性状以及地下水条件为参数
1974	美国	Wickham	岩石结构评价（RSR）分类	5	以岩石强度、岩体结构、地质构造影响、节理发育程度、节理产状与工程轴线之间的关系、地下水影响为参数
1974	挪威	Barton	巴顿岩体质量分类（Q 类）	9	以岩石质量、节理组数、节理粗糙度系数、节理蚀变影响系数、节理水折减系数、应力折减系数为参数，计算岩体质量指标 Q 值
1978	中国	杨子文	岩体质量指标 M 分类	5	以岩石质量、岩体完整性、岩石风化及含水性作为分级因子，通过各因子组合进行分类

年份	国家	人　名	分类名称	级数	备　注
1979	中国	谷德振、黄鼎成	岩体质量系数 Z 分类	5	用岩体完整性系数、结构面抗剪强度特性和岩石坚强性计算岩体质量系数 Z
1979	中国	陈德基	块度模数分类（Mk）	4	用各级块度所占百分数和裂隙性状系数计算，表征不同尺寸块体组合及其出现的概率
1980		国际岩石力学协会	岩体地质力学分类（ISRM）	7	用结构面的迹长来描述和评价结构面的连续性
1980	中国	王思敬等	弹性波指标 Z_a 分类法	5	以岩体完整性系数、岩石变形模量和岩体弹性波为参数，用积商法对岩体进行分类
1980	中国	关宝树	围岩质量 Q 分类	6	以结构面产状、岩体完整性系数、地应力影响系数、地下水影响系数和岩石单轴抗压强度为参数，用求积法对岩体进行分类
1981	中国	孙广忠	岩体力学介质分类	4	—
1982	西班牙	A. F. Macos、C. Tommillo	不均匀岩体分级系统的改进	6	对基库奇提出的方法的改进，以岩石单轴抗压强度、纵波波速、弹性模量和水力断裂为参数
1984	美国	Williamson（威廉姆逊）	岩石分类系统（VRCS）		—
1984	中国	孙万和、孔令誉	工程岩体分类及评价方法		以岩体结构为指导思想
1985	英国	Romana	SMR 法	6	对 RMR 体系进行修改
1990	中国	王思敬	质量系数 Q 分类		以岩体力学性能为参数
1997	中国	曹永成、杜伯辉	CSMR 法	5	对 RMR-SMR 体系进行修改
1999	中国	水利部	HC 分类法	5	以岩石强度、岩体完整性、结构面状态、地下水和主要结构面产状五项因素之和的总评分为判据
2014	中国	水利部	《工程岩体分级标准》（GB/T 50218—2014）	5	用岩体基本质量作为初步分类指标，根据地下水情况、结构面产状和初始应力状态对岩体质量进行评价

　　总的来说，岩体质量分级传统方法既有简单的单因素分级法，如 RQD 分类法、弹性波速法、岩石抗压强度分级法等，又有工程界应用广泛的多因素分级法，如 Q 系统分类法、RMR 分类法、Z 分类法等。多因素分级法考虑的因素较多，比单因素分级法更接近实际，因而在具体工程中应用较广。

　　另外，模糊数学及人工智能等不同理论被引入到围岩稳定性评价中，形成了多种分级方法，如云模型、基于可变模糊集合理论、粗糙集理论、人工神经网络和 Hopfield 网络方法、可拓方法和集对分析理论等。

3.2.1.2　目前主要分级法存在的问题

　　在综述了以上地下岩体工程质量及稳定性评价方法得出如下结论：

　　（1） Q 分类方法强调节理组数、节理面粗糙度及节理蚀变等因素比节理方向的影响更重要，因此若考虑节理方向性时，该方法就会显得不太合适。在给节理面粗糙度及节理蚀变评分时，节理的张开度和充填物与 HC 分类标准描述的不同，这也会导致分类结果的差异。另外它只考虑了岩体自身的完整性而未考虑岩块强度和工程因素，对岩体质量分类会造成一定影响[11]。

　　（2） RMR 采用 RQD （岩芯完整度）作为评价围岩完整性的定量指标之一，但由于 RQD 值的取得要使用 75mm 的双层岩芯管金刚石钻头钻取，而我国对金刚石钻头的使用还未普及。现场不具备条件时， RQD 可通过现场计取岩体单位体积中的节理数量后，按 $RQD = 115 - 3.3J_v$ （ J_v 为每立方米岩体中的节理总数）进行换算。但岩体单位体积节理数 J_v 的测量统计，应遵守 GB/T 50218—2014 的规定。RMR 分类方法重视节理条件如节理宽度、节理间距与节理粗糙度，但对节理组数、地应力等未加考虑，而且对结构面产状的修正没有给出明确的建议，仅对结构面的走向简单地分为与洞轴线垂直和平行两种。另外，RMR 方法对岩体强度、 RQD 以及节理间距的评分是先对其进行区段划分，然后对不同的区段给予不同的分值，例如节理间距为 6～20cm，其分值为 8 分，20～60cm 为 10 分，但是根据此种划分，节理间距为 6cm 和 60cm 的分值只相差 2 分，但是其间距相差 10 倍，这种不连续的取值标准对岩体质量的划分造成了一定的影响。实践表明，RMR 法能较好地反映中等坚固岩体质量，但对较差岩体则欠佳，而且 RMR 法的评价结果有时太过于保守。

　　（3） BQ 分类方法主要以岩石饱和抗压强度和岩体完整性系数为判定岩体质量的主要因素，以地下水、主要结构面产状和地应力为修正因素，其分类结果对岩体的强度过于的敏感。另外，结构面节理的组数、间距及性状对于硐室的围岩质量影响较大， BQ 方法对这些因素未给予足够的考虑，这些会影响对岩体质量进行准确的判断。

　　（4） HC 分类方法以岩石强度、岩体的完整性以及结构面的状态为基本因素，以地应力、地下水、结构面方位修正因素。HC 方法在中低应力区的围岩分级中适用性较好，但是在高地应力区，特别是岩爆区围岩分类中，适用性相对较差。究其原因，主要是因为 HC 分类方法对于地应力的考虑过于简化，只是根据围岩的强度应力比 S 对岩体级别进行简单的降一级处理，未进行量化，且没有区别高地应力段中岩爆段和非岩爆段岩体质量的差异。

　　由于工程条件与地质的复杂性，每种岩体质量分级方法所考虑的因素有各自的侧重点，在选取工程岩体分级方法时可选取多种适用该工程的方法对比分析，多种方法一起综合使用，可以相互借鉴，相互补充，更加真实地反映岩体的质量。任何工程都有其复杂的地质体系统，对于每种岩体质量评价方法，有其不足之处，还不足以满足对每个具体工程的需要。对于每个地质工程在采取岩体质量评价方法时，还需要根据工程自身的条件进行修正。

3.2.2　基于修正的 RMR 围岩稳定性分级

　　RMR 分级法由南非在大量工程实例基础上提出，以对浅部节理硬岩质量进行准确分级，RMR 分级系统包含 6 个参数，根据 6 个参数分别进行打分，然后相加，即可得到最终的分级结果，如式（3-1）所示。

$$RMR = R_1 + R_2 + R_3 + R_4 + R_5 + R_6 \tag{3-1}$$

式中　R_1——岩块的饱和抗压强度，MPa；

　　　　R_2——RQD 指标；

　　　　R_3——节理间距，m；

　　　　R_4——节理状态；

　　　　R_5——地下水状态；

　　　　R_6——节理方向修正值。

　　根据最终得分，将围岩等级分为 5 级，见表 3-7。

表 3-7　围岩 RMR 分级法

评分值	100 ~ 81	80 ~ 61	60 ~ 41	40 ~ 21	< 20
分级	I	II	III	IV	V
质量描述	非常好岩体	好岩体	一般岩体	较差岩体	非常差岩体
平均稳定时间	15m 跨度 20 年	10m 跨度 1 年	5m 跨度 1 周	2.5m 跨度 10h	1m 跨度 30min
岩体黏聚力/kPa	> 400	300 ~ 400	200 ~ 300	100 ~ 200	< 100
岩体内摩擦角/(°)	> 45	35 ~ 45	25 ~ 35	15 ~ 25	< 15

　　RMR 分级法比较关注节理尺寸因素，如宽度、间距及粗糙度等，但未考虑节理组数及地应力的影响。虽然考虑了主要结构面方位与巷道轴线之间的关系对稳定性的影响，但并未明确节理产状对稳定性的影响。另外，RMR 分级法评分时采用了区段打分的方式，如一定范围内的 RQD 值评分一致，这往往会导致评分的突然变化，出现不连续的现象，可能会对围岩质量分级产生影响。大量工程案例表明，RMR 分级法在浅部节理硬岩中的应用效果较好，但对于深部破碎岩体，则适用性较差。

　　RMR 分类系统自从提出以后，得到了广泛的应用，尤其是对于浅埋节理隧道，取得了良好的工程应用效果，在此基础上，大量学者进行了拓展研究。但随着开采深度的增加，围岩赋存环境出现了重大变化，尤其是高地应力的存在，使岩石的性质出现了明显的变化，因此，将 RMR 分级法应用到深部矿山工程时，应进行必要的修正，使之适应深部的实际情况。

3.2.2.1 传统 RMR 分级法的主要缺陷

根据大量的工程应用经验，传统 RMR 分级法存在的主要问题包括：

（1）RMR 各指标取值具有跳跃性。

（2）未考虑地应力的影响，不适用于深部工程。

（3）未考虑节理面的组合情况。现有的 RMR 虽然对节理的情况进行了比较详细的考虑，但并未考虑不同节理之间的组合对稳定性的影响，实际上多节理的组合对围岩稳定性的影响比单节理更大。

（4）未考虑施工因素对围岩稳定性的影响。传统的 RMR 分级法仅考虑围岩自身的性质，往往忽略了施工因素对围岩稳定性的影响，而实际上这些施工因素恰恰是影响围岩稳定性的重要因素，如不同的爆破参数、硐室几何参数决定了围岩的应力分布及受扰动程度，进而影响围岩的稳定性。

综上所述，传统的 RMR 虽然在浅部岩体工程中取得了良好的应用效果，但随着开采深度的增加，围岩稳定性的影响因素变得异常复杂，需要对 RMR 分级系统进行修正。

3.2.2.2 修正的 RMR 分级法公式

根据上述分析，在传统 RMR 分级系统的基础上，引入 3 个修正系数，提出修正的 M-RMR 分级系统，计算公式为：

$$M\text{-}RMR = K_1 \times K_2 \times K_3 \times (R_1 + R_2 + R_3 + R_4 + R_5 + R_6) \tag{3-2}$$

式中　K_1——地应力修正系数；

　　　K_2——节理组合修正系数；

　　　K_3——施工因素修正系数。

应用 M-RMR 分级系统时，首先按照原 RMR 评分标准进行取值，得到总评分值，然后根据修正系数对总评分值进行评分的最终确定。

3.2.2.3 传统 RMR 分级法指标取值优化

A 单轴抗压强度

根据原 RMR 分级法中岩石强度指标 R_1 的评分标准（表 3-8），转换为细化修正表（表 3-9）。

表 3-8　岩石强度指标（R_1）评分标准

单轴抗压强度/MPa	>250	250 ~ 100	100 ~ 50	50 ~ 25	25 ~ 10	10 ~ 3	<3
分数	15	12	7	4	2	1	0

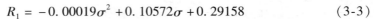

表 3-9　岩石强度指标（R_1）评分标准细化修正表

单轴抗压强度/MPa	250	175	100	75	50	37.5	25	17.5	10	6.5	3
分数	15	12	9.5	7	5.5	4	3	2	1.5	1	0

　　对于转换后的细化修正表，对其中的自变量与因变量进行多项式拟合，从不同的拟合方程中选择最为接近的一种，最终作为单轴抗压强度与分数之间的连续性方程（见图3-28）：

$$R_1 = -0.00019\sigma^2 + 0.10572\sigma + 0.29158 \tag{3-3}$$

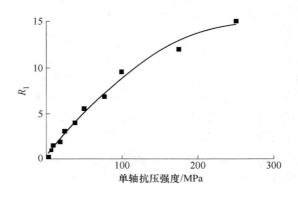

图 3-28　单轴抗压强度指标拟合曲线

B　岩体质量指标

　　采用与之前相同的方法对岩体质量指标 $RQD(R_2)$ 评分标准（表3-10）进行修正，修正表见表3-11。

表 3-10　RQD 岩体质量指标（R_2）评分标准

RQD/%	100~90	90~75	75~50	50~25	<25
分数	20	17	13	8	3

表 3-11　RQD 岩体质量指标（R_2）评分标准细化修正表

RQD/%	95	90	82.5	75	62.5	50	37.5	25	0
分数	20	18.5	17	15	13	10.5	8	3	0

　　通过对比，最终选择多项式拟合对细化修正表进行拟合，得到 RQD 值与评分的连续性方程：

$$R_2 = 0.00013RQD^2 + 0.20172RQD - 0.47532 \tag{3-4}$$

　　从岩体质量指标 RQD 中，可以看出相应矿岩的完整性。通常，我们通过钻机获取长度1m、直径54mm左右的岩芯，筛选掉长度低于10cm的小块及多余物质，然后测出其中所有长度在 10cm 之上的岩芯的长度并进行累加，最终累加值占岩芯总长的比例便是 RQD 值。最终的岩体质量指标根据 R_2 和表 3-8 进行评分。岩体质量指标连续性修正拟合曲线见图 3-29。

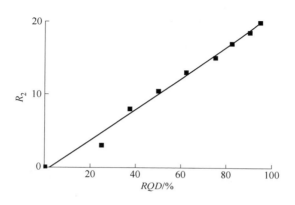

图 3-29　岩体质量指标连续性修正拟合曲线

当出现特殊情况时，例如测量对象无法提供合适的岩芯时，可以通过式（3-5）计算 RQD 值。

$$RQD = 115 - 3.3J_v \tag{3-5}$$

C　节理间距

岩体节理间距指标修正前的评分标准见表 3-12，通过转换修正后的评分标准见表 3-13。

表 3-12　节理间距指标（R_3）评分标准

节理间距/m	>2	0.6~2	0.2~0.6	0.06~0.2	<0.06
分数	20	15	10	8	0

表 3-13　节理间距指标（R_3）评分标准细化修正表

节理间距/m	2	1.3	0.6	0.4	0.2	0.13	0.06
分数	20	15	12.5	10	9	8	0

节理间距的评分共分为 <0.06、0.06~0.2、0.2~0.6、0.6~2、>2，5 个区间，跳跃性更加明显，因此不适合使用多项式拟合，进行分析研究，最终采用指数函数拟合，得到节理间距与评分的拟合公式：

$$R_3 = 14.60578J_v^{0.43275} \tag{3-6}$$

通过 ShapeMetrix 3D 数字摄影测量获得采场测点所有裂缝间的间距并计算出平均距离，根据式（3-6），计算获得各测点的评分结果，节理间距指标拟合曲线见图 3-30。

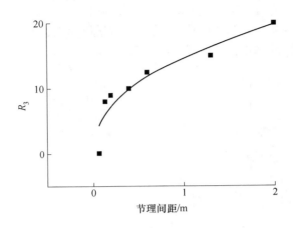

图 3-30 节理间距指标拟合曲线

D 节理状态

节理状态通常用于反映节理间隙面的粗糙程度、间隙长度以及延续性等节理特征。此评价标准属于定性指标，因此无法进行拟合优化。节理状态的评分标准见表 3-14。

表 3-14 节理状态指标（R_4）评分标准

节理面状态	表面很粗糙，不连续未张开，未风化	表面粗糙，张开<1mm，风化	表面粗糙，张开<1mm，严重风化	擦痕面或填充物厚度<5mm或张开<5mm、连续	软弱充填物厚度>5mm或张开>5mm，连续
分数	30	25	20	10	0

E 地下水

岩体质量会受到地下水的影响，观察采场进路中地下水的情况，并对其进行描述，地下水指标根据表 3-15 进行评分。

表 3-15 地下水指标（R_5）评分标准

每10min进水量(L/10min)	0	<10	10~25	25~125	>125
水压	0	<0.1	0.1~0.2	0.2~0.5	>0.5
总特征	整体干燥	潮湿	湿	滴水	流水
分数	15	10	7	4	0

F 节理产状修正系数

在 RMR 评价体系中，节理裂隙作为一项重要指标，使得 RMR 体系涵盖了节理裂隙倾向、倾角对岩体稳定性造成的不利影响。同样，本指标属于定性指标，无法进行拟合优化。节理产状修正系数评分标准见表 3-16。

表 3-16 节理产状修正指标 (R_6) 评分标准

评定项目	垂直于巷道				平行于巷道		
	巷道走向与节理倾向相同		巷道走向与节理倾向相反				
节理倾角	45°~90°	20°~45°	45°~90°	20°~45°	45°~90°	20°~45°	0°~20°
评价描述	很好	好	中等	差	很差	好	中等
修正评分值	0	−2	−5	−10	−12	−5	−10

通过 ShapeMetrix 3D 数字摄影测量得到的结果见前述章节，根据各测点节理裂隙的倾向倾角，对各测点进行评分。

3.2.2.4 修正系数取值方法

A 地应力修正系数 K_1

大量工程实例表明，地应力是影响地下工程岩体稳定性的重要因素之一，当超过一定深度以后，围岩在高地应力的影响下，性质将发生显著的变化，因此在进行围岩稳定性分析的时候，必须考虑地应力的影响。

大量工程案例及理论研究表明，地应力对地下工程围岩稳定性的影响，取决于地应力和围岩抗压强度的大小，因此，必须综合考虑两者的共同作用，才能准确地把握地应力对围岩稳定性的影响。

根据《工程岩体分级标准》(GB/T 50218—2014)，采用强度应力比作为反映地应力对围岩稳定性影响的参数。强度应力比如下式所示：

$$A = \frac{R_b}{\sigma_{max}} \tag{3-7}$$

式中　R_b——岩石饱和单轴抗压强度，MPa；

　　σ_{max}——垂直洞轴线长轴方向的最大地主应力，MPa。

进入高应力区后，岩石的破坏主要表现为岩爆和岩芯饼化破坏，其中，岩爆主要发生在坚硬围岩中，饼化现象主要发生在中等强度以下的岩体中。根据大量工程案例数据，一般当 $A = 3 \sim 6$ 时，会发生岩爆或岩芯饼化现象，$A < 3$ 时，则可能会发生严重岩爆。由于目前缺乏足够的现场资料，因此本章采用《工程岩体分级标准》(GB/T 50218—2014) 中规定的地应力修正系数，详见表 3-17。

表 3-17 地应力修正系数取值

应力状态	强度应力比 A	RMR				
		100~81	80~61	60~41	40~21	<20
极高应力区	<4	0.8	0.8	0.8~0.7	0.8~0.7	0.8
高应力区	4~7	0.9	0.9	0.9	0.8~0.9	1~0.9

B 节理组合修正系数 K_2

大量工程案例表明，当顶板或两帮存在多组节理且相互交叉时，会将围岩切割为三角形或楔形块体，此时围岩极易发生破坏，且块体出现的位置不同，稳定系数也不相同，因此，考虑不同位置出现块体的情况，对稳定性分级系统进行修正。由于现场节理裂隙千差万别且纵横交错，为降低问题分析复杂度，本章只考虑 3 组节理组合的情况。

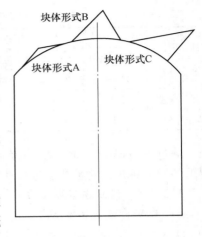

图 3-31　顶板块体不同形式示意图

根据上述分析可知，节理组合形成的块体出现在采场不同位置，对围岩稳定性的影响有明显区别，总结归纳如下：

（1）块体出现在顶板的情况。根据上述分析结果，顶板上的块体分布位置和形态可概括为如图 3-31 所示的 3 种形式。

对于块体形式 A 和 B 主要特征为，2 个相交的节理形成的三角形两个腰线与顶板轮廓线的夹角均为锐角，且两个节理相交的深度越浅，围岩稳定性越差。而对于块体形式 C，主要表现为 2 个相交的节理形成的三角形两个腰线与顶板轮廓线的夹角 1 个为锐角，1 个为钝角，此时的块体不易发生垮落，且钝角角度越大，块体稳定性越好，块体越靠近顶板中心，稳定性越好。

虽然顶板不同的块体形式对围岩稳定性影响不同，但总体而言都会造成围岩稳定性的降低。

（2）块体出现在两帮的情况。根据上述分析结果，两帮的块体分布位置和形态可概括为如图 3-32 所示的 4 种形式。

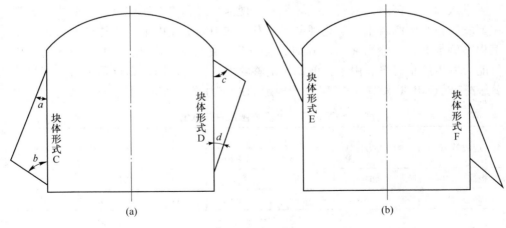

(a)　　　　　　　　　　　　　(b)

图 3-32　两帮块体不同形式示意图

（a）节理相交角为钝角；（b）节理相交角为锐角

根据前述分析结果可知，块体形式 C 的稳定性要好于块体形式 D。2 种形式的不同点主要表现为相交的上下 2 条节理的长度不同。块体形式 C 的上节理长度大于下节理，随着角度 b 的增加，块体 C 的稳定性逐渐变好，当变为钝角后，块体变为形式 F，此时对围岩稳定性的影响可忽略。

对于块体 D，2 条节理形式与块体 C 相反，且随着角度 d 的减小，稳定性逐渐变差，当上节理与两帮边界线夹角为钝角时，块体变为形式 E，此时对两帮围岩的稳定性影响最大。

综上所述，块体 D 和 E 会对两帮围岩稳定性产生不利影响，而节理 C 和 F 对围岩稳定性的影响较小。

（3）块体出现在底板的情况。根据上述分析结果可知，对于金属硬岩矿山，底板的块体组合对围岩稳定性造成的影响可忽略不计，可不进行折减。

综上所述，不同位置、不同形式的块体组合对围岩稳定性的影响有明显的区别，应根据具体的组合情况进行折减和修正。结合块体分析成果，节理组合修正系数按照表 3-18 行取值。

表 3-18 节理组合修正系数取值

节理组合形式	形式 A	形式 B	形式 C	形式 D	形式 E	形式 F	底板
K_2	0.7 ~ 0.8	0.9 ~ 1	0.9 ~ 1	0.8 ~ 0.9	0.7 ~ 0.8	1	1

C 施工因素修正系数 K_3

由于地下金属矿山工程施工可分为钻眼爆破法和非爆破法，一般而言，采用非爆破法施工时，对围岩的扰动最小，对围岩稳定性的影响也小。

当采用钻眼爆破法施工时，不同的爆破形式会导致最终形成的硐室表面围岩状态出现明显差别，一般而言，光面爆破可最大限度地减小爆破对围岩的扰动程度，且可形成规整的硐室表面，有利于应力的重分布。因此，若采用光面爆破，可不进行修正，采用非光面爆破则需进行适当折减。按照表 3-19 进行修正。

表 3-19 施工修正系数取值

爆破形式	非爆破法	光面爆破	非光面爆破
K_3	1	0.9	0.8

3.2.2.5 围岩稳定性评价标准

由于 M-RMR 系统是在传统的 RMR 分级基础上建立，因此该分级方法最终的围岩稳定性评价标准仍参照传统 RMR 分级法，将围岩稳定性分为 5 类。详见表 3-20。

若现场围岩某一级的稳定性占绝大部分，可针对该分级进行进一步细化，如某矿山围岩中，Ⅲ级稳定性占比达到了 90% 以上，为了提高分级精度，可根据Ⅲ级围岩的具体评分，将围岩进一步细化为Ⅲ$_1$和Ⅲ$_2$级，以满足工程需要。

表 3-20 M-RMR 分级法围岩稳定性评价标准

评分值	100 ~ 81	80 ~ 61	60 ~ 41	40 ~ 21	< 20
分级	I	II	III	IV	V
质量描述	非常好岩体	好岩体	一般岩体	较差岩体	非常差岩体

3.2.2.6 分级结果

根据 M-RMR 分级法计算公式及各指标取值标准，得到不同区域围岩 M-RMR 值见表 3-21，最终的分级结果见表 3-22。

表 3-21 寺庄矿区岩石基本质量评价指标

编号	单轴抗压强度 R_1	岩体质量指标 $(RQD)R_2$	节理间距 R_3	节理状态 R_4	地下水 R_5	节理产状修正系数 R_6	地应力修正系数 K_1	节理组合修正系数 K_2	施工因素修正系数 K_3	最终 M-RMR 评分
10 中段-324	8.1	16.8	14.3	10	4	−5	1	1	0.9	43.4
11 中段-304	7.2	17.3	14.8	10	4	−5	1	1	0.8	43.5
11 中段-264	8.3	18.1	14.6	10	4	−5	1	1	0.9	45
12 中段-304	9.1	16.9	15.2	10	4	−5	1	1	0.8	45.2
12 中段-264	8.3	17	15.3	10	4	−5	1	1	0.8	44.6
13 中段-304	9.4	16.5	14.9	10	4	−5	1	1	0.8	44.8
13 中段-264	9.1	17.4	16.7	10	4	−5	1	1	0.8	47

表 3-22 寺庄矿区岩体稳定性分级表

进路采场	岩性	M-RMR 分级法	稳定性级别	稳定性描述
10 中段-324	花岗岩	43.4	III	较稳固
11 中段-304	花岗岩	43.5	III	较稳固
11 中段-264	花岗岩	45	III	较稳固
12 中段-304	花岗岩	45.2	III	稳固
12 中段-264	花岗岩	44.6	III	稳固
13 中段-304	花岗岩	44.8	III	较稳固
13 中段-264	花岗岩	47	III	较稳固

3.2.3 基于 BQ 的岩体稳定性分级

岩体基本质量指标采用多参数组成的综合指标法，以 2 个分级因素的定量指标 R_c 及 K_v 为参数，按公式计算取得岩体基本质量指标（BQ），并以 BQ 作为划分级别的定量指标。

3.2.3.1 岩石基本质量 BQ 值

$$BQ = 90 + 3R_c + 250K_v \tag{3-8}$$

式中　R_c——岩石单轴（饱水）抗压强度；

　　　K_v——岩体完整性系数。

在使用式（3-8）计算岩体 BQ 值时，必须遵守下列条件：

当 $R_c > 90K_v + 30$ 时，以 $R_c = 90K_v + 30$ 代入式（3-8），求 BQ 值；

当 $K_v > 0.04R_c + 0.4$ 时，以 $K_v = 0.04R_c + 0.4$ 代入式（3-8），求 BQ 值。

3.2.3.2 修正 BQ 值

工程岩体的稳定性，除与岩体基本质量的好与坏有关外，还受地下水、主要软弱结构面、天然应力的影响。应结合工程特点，考虑各影响因素来修正岩体基本质量指标，作为不同工程岩体分级的定量依据。主要软弱结构面产状影响修正系数 K_2 按表 3-23 确定。地下水影响修正系数 K_1 按表 3-24 确定。天然应力影响修正系数 K_3 按表 3-25 确定。

表 3-23　主要软弱结构面产状影响修正系数（K_2）表

结构面产状及其与硐室轴线的组合关系	结构面走向与硐轴线夹角 $\alpha \leq 30°$，$\beta = 30° \sim 75°$	结构面走向与硐轴线夹角 $\alpha > 60°$，倾角 $\beta > 75°$	其他组合
K_2	0.4 ~ 0.6	0 ~ 0.2	0.2 ~ 0.4

表 3-24　地下水影响修正系数（K_1）表

地下水状态	BQ 值			
	>450	450 ~ 350	350 ~ 250	<250
潮湿或点滴状出水	0	0.1	0.2 ~ 0.3	0.4 ~ 0.5
淋雨状或涌流状出水，水压 ≤0.1MPa	0.1	0.2 ~ 0.3	0.4 ~ 0.6	0.7 ~ 0.9
淋雨状或涌流状出水，水压 >0.1MPa	0.2	0.4 ~ 0.6	0.7 ~ 0.9	1.0

表 3-25　天然应力影响修正系数（K_3）表

应力状态	BQ				
	>550	550 ~ 450	450 ~ 350	350 ~ 250	<250
极高应力区	1.0	1.0	1.0 ~ 1.5	1.0 ~ 1.5	1.0
高应力区	0.5	0.5	0.5	0.5 ~ 1.0	0.5 ~ 1.0

对地下工程修正值 $[BQ]$ 按下式计算

$$[BQ] = BQ - 100(K_3 + K_1 + K_2) \tag{3-9}$$

3.2.3.3 分级结果

根据 BQ 计算公式及前面求得的参数，得到不同采场岩石 BQ 值，详见表 3-26。

表 3-26　寺庄矿区岩石基本质量评价指标

进路采场	岩体体积节理数 J_v	岩体完整性系数 K_v	抗拉强度 R_t/MPa	单轴抗压强度/MPa	岩石基本质量 BQ	修正岩石基本质量 BQ
10 中段-324	2.69	0.76	14.06	78.12	451.53	397.86
11 中段-304	2.14	0.84	16.19	77.87	514.27	424.275
11 中段-264	2.56	0.77	16.10	68.93	462.29	398.28
12 中段-304	2.19	0.89	19.46	86.81	529.14	457.24
12 中段-264	2.78	0.89	20.12	78.86	512.56	451.78
13 中段-304	2.42	0.83	17.82	92.75	475.82	429.53
13 中段-264	2.14	0.81	18.25	75.29	444.89	398.42

　　根据岩体结构特征和基本质量指标，参考表 3-27 分级标准，可将焦家金矿寺庄矿区矿岩的稳定性划分为 3 个级别，见表 3-28。

表 3-27　岩体基本质量分级标准表

基本质量级别	岩体基本质量的定性特征	岩体的基本质量指标 BQ
I	岩石极坚硬，岩体完整	>550
II	岩石极坚硬－坚硬，岩体较完整；岩石较坚硬，岩体完整	550～450
III	岩石极坚硬－坚硬，岩体较破碎；岩石较坚硬或软硬互层，岩体较完整；岩石为较软岩，岩体完整	450～350
IV	岩石极坚硬－坚硬，岩体破碎；岩石较坚硬，岩体较破碎－破碎；岩石较软或软硬互层软岩为主，岩体较完整－较破碎；岩石为软岩，岩体完整－较完整	350～250
V	较软岩，岩体破碎；软岩，岩体较破碎或破碎；全部极软岩及全部极破碎岩	<250

表 3-28　寺庄矿区岩体稳定性分级表

进路采场	岩性	修正岩石基本质量 BQ	稳定性级别	稳定性描述
10 中段-324	花岗岩	397.86	III	较稳固
11 中段-304	花岗岩	424.275	III	较稳固
11 中段-264	花岗岩	398.28	III	较稳固
12 中段-304	花岗岩	457.24	II	稳固
12 中段-264	花岗岩	451.78	II	稳固
13 中段-304	花岗岩	429.53	III	较稳固
13 中段-264	花岗岩	398.42	III	较稳固

根据岩体结构特征和基本质量指标，可将寺庄矿区调查范围内的稳定性划分为Ⅱ、Ⅲ两个级别，其中10中段324进路采场、11中段304和264进路采场、13中段304和264进路采场为Ⅲ级较稳固，12中段304和264进路采场稳固性最好，但属于Ⅱ级稍弱。根据工程类比法，10中段320进路采场的稳定性基本与-324进路采场相同。

3.2.4 最终分级结果确定

综合两种分级方法，对各个矿区的稳定性进行了最终分级，详见表3-29。

表3-29 寺庄矿区岩体稳定性分级表

进路采场	岩性	BQ分级法结果	M-RMR结果	最终分级结果
10中段-324	花岗岩	Ⅲ	Ⅲ	Ⅲ
11中段-304	花岗岩	Ⅲ	Ⅲ	Ⅲ
11中段-264	花岗岩	Ⅲ	Ⅲ	Ⅲ
12中段-304	花岗岩	Ⅱ	Ⅲ	Ⅲ
12中段-264	花岗岩	Ⅱ	Ⅲ	Ⅲ
13中段-304	花岗岩	Ⅲ	Ⅲ	Ⅲ
13中段-264	花岗岩	Ⅲ	Ⅲ	Ⅲ

由表3-29可知，焦家矿区和望儿山矿区围岩总体稳定性处于Ⅳ级，部分采场稳定性处于Ⅴ级，寺庄矿区围岩稳定性较好，总体处于Ⅲ级，中等稳固。

4 不同充填接顶率围岩变形规律研究

4.1 试验研究及分析

4.1.1 试样材料准备

岩石试件材料的选取为青砂岩，岩石试件大小按照国际岩石力学学会（IRSM）标准进行准备，形状为立方体，尺寸为 100mm×100mm×100mm，对切割获得的试样表面采用磨石机进行仔细研磨，使其表面光滑平整且每组对面互相平行。为了模拟地下采空区充填体的不同接顶率对围岩稳定性的影响，在加工好的岩石试件中间切割出一个方形的孔，如图 4-1 所示。共准备了 9 个试样，3 个掏孔边长为 20mm×20mm 的立方体、3 个掏孔边长为 30mm×30mm 的立方体、3 个掏孔边长为 40mm×40mm 的立方体。

图 4-1 切割好的岩石试件

其他材料包括尾砂、水泥、硬塑料长条挡板（尺寸为 150mm×20mm×4mm、150mm×30mm×4mm、150mm×40mm×4mm）。

4.1.2 试样设备介绍

（1）试验加载系统。本次试验在福州大学紫金矿业学院深部岩石力学实验室进行，该实验室拥有深部岩石三轴动静载荷试验系统一套，如图 4-2（a）所示。该套设备主要分为 3 个部分：试验控制平台、动力输出装置以及试验加载平台。该套设备能够完成岩石单轴、双轴及真三轴岩石力学试验并同时完成对试验过程中声发射试件的监测。

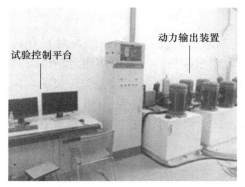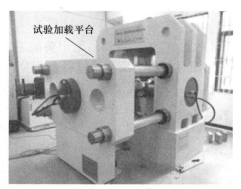

(a)

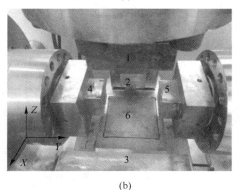

(b)

图 4-2　深部岩石三轴动静载荷试验系统
（a）试验系统；（b）试验加载平台
1—上压头；2—后压头；3—前压头；4—左压头；5—右压头；6—动态扰动基座

（2）试验控制平台。基于此平台，可以根据试验者设计的不同试验内容，分别对加载平台上 3 向 6 个液压装置进行位移或力的精确控制以达到预期试验要求，其中包括 5 个静载液压装置以及 1 个底部动载液压装置。同时，平台提供试验方案和相关力学数据采集、存储和下载功能。

（3）动力输出装置。该装置主要由 2 个部分组成：动力柜以及相关动力提供装置。动力柜控制整个三轴伺服系统动力最大输入。整个试验能提供最大法向压力 4000kN，最大侧向压力 2400kN。

试验加载平台：经过试验控制平台对试验方案的编程控制，最终岩石试件在此平台上完成相关力学试验。该平台拥有 3 个方向共 5 个液压压头以及 1 个底部扰动升降平台，如图 4-2（b）所示。岩石的轴向压力变形由顶端压头传感器进行监测记录，岩石侧向压力变形值由对应方向的 2 个压头传感器同时监测，其值分别相当于两端压力传感器的平均压力与变形，监测数据实时传回计算机程序进行相应的参数计算。Y 向 2 个定制液压压头各留有三角形分布的孔槽，为后期监测设备探头的安装提供可行性。

（4）试验监测系统。采用美国声学所制造的声发射监测系统，对岩石内部声发射试件进行监测。通过将声发射系统内监测探头放入 Y 向两侧定制压头的指定孔槽中，搭配真三轴伺服试验系统，可实现与加载系统同时工作，如图 4-3 所示。试验设定声发射测试分析系统的主放为 40dB，门槛值为 40dB，采样频率为 40MHz。为了保证数据测量的全面及准确，试验采用了 6 个探头，各 3 个分别镶嵌在 Y 向两个定制压头上，组成探头阵采集数据，其空间分布如图 4-4 所示。试验过程中为保证 AE 传感器与岩样的良好接触，增强声发射测试效果，在 AE 传感器与压头之间放上橡皮，防止岩样在加载过程中因变形造成贴合度下降。另外，在传感器与岩样表面涂抹凡士林提高耦合度。在正式试验开始前，进行传感器响应测量和校准，本试验通过利用笔杆对岩石表面进行敲打，检查系统对模拟信号源的响应幅度，当设备调试正常后才进行下一步正式试验。

图 4-3　声发射设备及探头安装

4.1.3　试验方案及操作

4.1.3.1　试验方案

在实验室内配制充填料（充填料的配制：灰砂比 1 : 6，水泥 1 尾砂 6，固体质量浓度 75%）。对不同充填状态的试样，采用不同的充填方案，以不接顶充填状态试样为例：给长条挡板刷油，底部放置试件的板子也刷油，将长条挡板放入孔道内贴合侧壁，之后将调制好的充填料倒入孔道中，用小木棍插入将孔道里的气泡挤

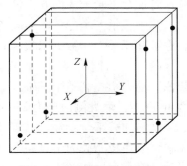

图 4-4　声发射探头空间分布

出，再加入一点充填料使充填料与试件上平面一致，在之后的 4h 内，关注充填体的变化，并不断补足充填料，保证充填料在凝固后的高度与试件齐平，不会出现凹陷，制作完成的试件在 48h 之后进行脱模，并对试件进行打磨处理，得到完好的充填试件，再放入恒温（温度 20℃ ±1℃）、恒湿（湿度 95% ±1%）的标准养护箱中养护 28d，各试件的编号及参数见表 4-1，制备好的试件如图 4-5 所示。

表 4-1　试验试件制作

序号	编　　号	孔道形状	充填配比（灰砂比）	孔道边长大小/mm × mm	接顶状态/%	养护龄期/d
①	R-B-20-0	正方形	1∶6	20 × 20	0	28
②	R-B-20-50	正方形	1∶6	20 × 20	50	28
③	R-B-20-100	正方形	1∶6	20 × 20	100	28
④	R-B-30-0	正方形	1∶6	30 × 30	0	28
⑤	R-B-30-50	正方形	1∶6	30 × 30	50	28
⑥	R-B-30-100	正方形	1∶6	30 × 30	100	28
⑦	R-B-40-0	正方形	1∶6	40 × 40	0	28
⑧	R-B-40-50	正方形	1∶6	40 × 40	50	28
⑨	R-B-40-100	正方形	1∶6	40 × 40	100	28

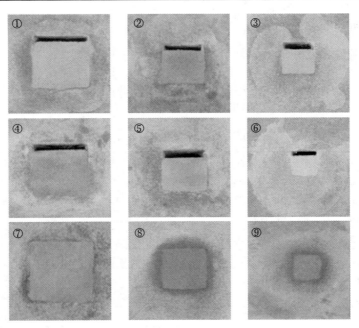

图 4-5　制备好的充填试件

4.1.3.2　试验步骤

在岩石试件 Y 向两侧及声发射探头涂抹凡士林，保证在整个过程中探头与岩石表面完全耦合，接着将试件放到加载平台上，掘孔方向水平放置，充填接顶方向为竖直向上，以保证符合接顶的特性。再将绑有橡皮的声发射探头固定在 Y 向定制压头的卡槽中，防止岩样在加载过程中因变形造成贴合度下降。在试验控制平台对轴向压头进行控制，向下移动并轻压住岩石试样，使其固定在加载平台上，然后控制 Y 向两侧压头，当 Y 向压头对岩石表面压力达到 1kN 时，稳定此状态，打开声发射系统，轻击岩石表面，观察 4 个探头是否与岩石紧紧贴合，在保证全部工作正常后，再控制 X 向压头贴合试件，打开声发射系统并重置，试验设定声发射测试分析系统的主放为 40dB，门槛值为 40dB，采样频率为 40MHz，完成试验前的准备工作。

接着正式开始试验，侧向及轴向压头按照预先编程好的应力控制方式，加载速率为 0.2MPa/s。将试样加载至预设压力状态，此时 $\sigma_1 = \sigma_2 = 30$MPa，保持 $\sigma_2 = 30$MPa，改变岩石试验机 σ_1 的轴向加载方式，继续加载 σ_1，按照位移加载控制方式以 0.002mm/s 的加载速率对试样施加轴向压力，直至岩石试件发生破坏，完成试验，加载路径如图 4-6 所示。

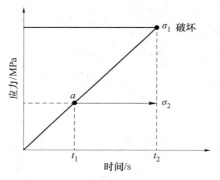

图 4-6　试验加载方式

4.1.4　试验结果及分析

为研究充填体的接顶率对岩石真三轴力学性能的影响，对上述试件进行了真三轴正交压缩试验，试验结果见表 4-2。

表 4-2　试件真三轴试验结果

试件型号	峰值应力 σ_1	对应峰值轴向应变 ε_1	弹性模量/GPa
R-B-20-0	59.6184	0.005456	5.714285714
R-B-20-50	58.0677	0.006379	6.25
R-B-20-100	65.0068	0.006808	5.970149254
R-B-30-0	55.2943	0.006747	5.442176871
R-B-30-50	51.7592	0.004962	5.555556
R-B-30-100	56.889	0.006414	5.333333333
R-B-40-0	46.8648	0.004893	4.444444444
R-B-40-50	47.4202	0.005025	5.194805
R-B-40-100	49.0263	0.00491	4.819277108

4.1.4.1 应力 – 应变曲线分析

图 4-7 为双轴加载条件下岩石真三轴试验应力 – 应变曲线。岩石的力学特性与其内部的微裂纹的分布、发育扩展情况息息相关，根据对岩石破坏过程的研究，结合真三轴加载条件下岩石应力应变曲线特征，将岩石加载失稳破坏过程分为以下几个阶段：

（1）裂纹压密阶段 I（OA 区域），在第一阶段应力 – 应变曲线略向上弯曲，此时岩石内部初始裂隙在受到轴向压力作用下，开始缩紧闭合，曲线呈现出塑弹性特征。

（2）弹性变形至微弹性裂隙稳定发展阶段 II（AC 区域），其中 AB 区域为弹性变形阶段，此时伴随着岩石轴向受到的轴向应力逐渐增大到 B 点位置的岩石启裂应力，岩石内部开始出现新的裂纹，受轴向加载至试件即将产生新的裂隙，岩石进入到 BC 区域，该部分裂纹呈稳定持续增长状态。

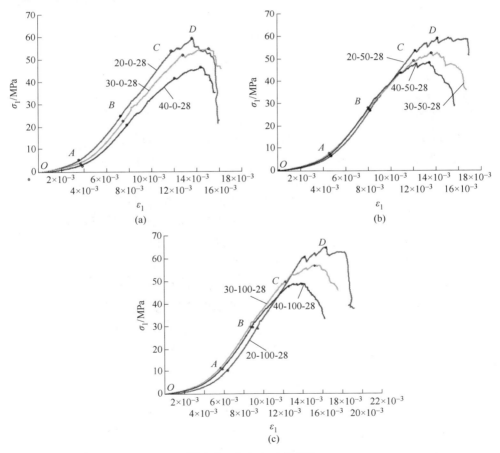

图 4-7 全应力 – 应变图

（a）接顶率 0%；（b）接顶率 50%；（c）接顶率 100%

（3）非稳定裂隙发展阶段Ⅲ（CD 区域），试件内部裂隙稳定发育，直至试件完全破坏。

（4）峰后阶段Ⅳ（D 点之后区域），试件在完全破裂后，仍保持整体形状，试件产生大量宏观破坏形式，临空面有大块剥落。

根据试验结果绘制充填接顶率与强度关系曲线，并对其进行拟合处理，如图 4-8 所示。

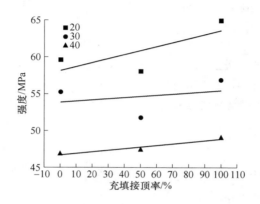

图 4-8　充填接顶率与强度关系

20mm 大小孔径的试件强度均在同一充填接顶率下的最大值，30mm 大小孔径的试件强度次之，40mm 大小孔径的试件强度均排在最小值，可见随着孔径的增加，试件强度下降。根据拟合曲线可以看出，试件强度与充填接顶率呈正相关，试件强度随着充填接顶率的增大而增大，说明充填接顶率对岩石的强度有一定程度的影响。图中充填接顶率为 0% 的孔径 20mm 和 30mm 的试件强度较为异常，是由于岩石材料本身存在一定的差异，且孔径比较小等多方面原因，导致 0% 充填接顶率的强度反而比 50% 的强度高。

图 4-9(a) ~ (c)分别为不同接顶率条件下偏应力（$\sigma_1 - \sigma_2$）与主应变（ε_1，ε_2）之间的关系，如图 4-9 所示，相同接顶率下的强度随着孔径的增大而减小，其从 20mm 至 30mm 和从 30mm 至 40mm 的减小幅值分别为：接顶率 0% 时，强度衰减了 14.60% 和 33.33%；接顶率 50% 时，强度衰减了 22.48% 和 19.94%；接顶率 100% 时，强度衰减了 23.19% 和 29.24%。

4.1.4.2　岩石试件破坏特性分析

岩石的破坏特征研究是进行分析岩石整体破坏机制的重要依据，结合试样的破坏形式进行表面裂隙素描，对各组岩石试件的破坏特征进行总结分析，如图 4-10 所示，素描图中的红色线为正面裂隙，绿色线为背面裂隙。三轴压缩状态下的岩石以拉伸破坏为主，在岩石试件的破坏中，可以发现试件的 x 方向（左右方向）

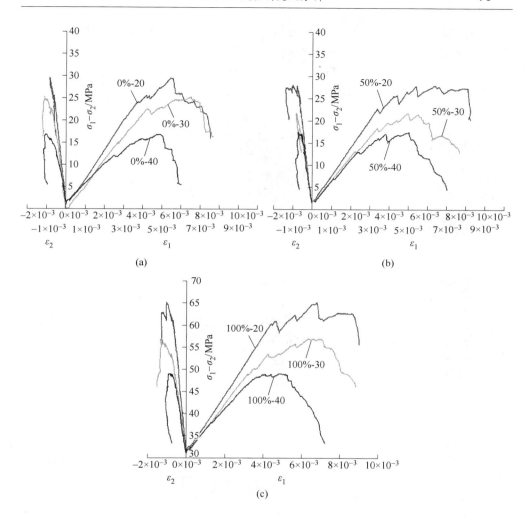

图 4-9 全应力 – 应变图

（a）接顶率 0%；（b）接顶率 50%；（c）接顶率 100%

两端常常出现整块剥落现象，这是因为在轴向加载的过程中，左右面是临空面，没有压力的作用限制，因而在轴向压应力作用下，左右面将产生拉应力，当拉应力超过岩石试件的抗拉极限，左右面就出现了整块剥落。而在岩石试件中间部位，也存在许多平行于左右面的裂隙，这些裂隙的产生与剥落面的产生原理相似，只是这些裂隙还没有贯通，所以没有产生大块的剥落。

4.1.5　试样声发射分析

由于岩石在形成的过程中会受到各种外界因素的影响，在岩石内部往往产生大量的微裂纹、孔隙等缺陷。岩石内部这些缺陷发生破坏时往往以弹性波的形式释放应变能，声发射技术恰好为监测岩石内部破裂演化前兆信息提供了一种有效的手段。通过声发射监测技术可以了解真三轴条件下岩石内部裂隙发育演化规律，准确了解岩石内部损伤破坏特征。

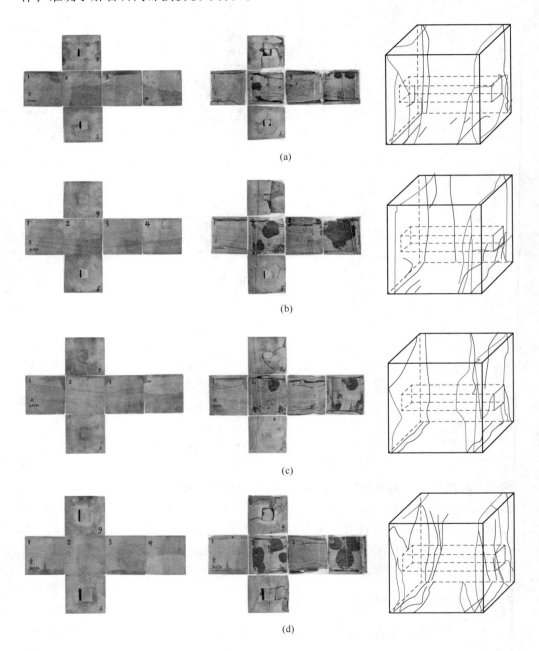

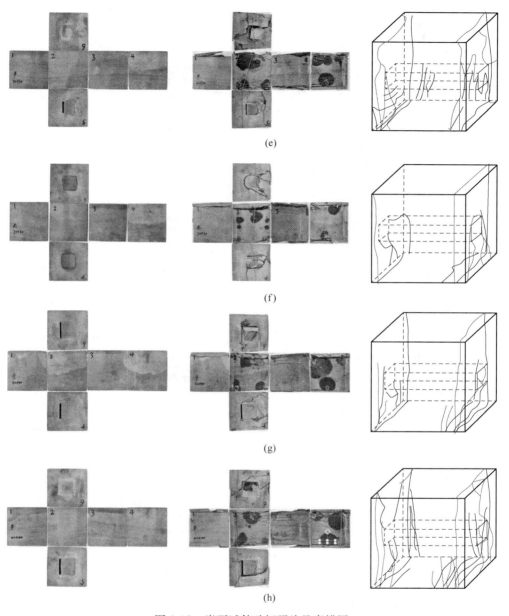

图4-10　岩石试件破坏照片及素描图
（a）20-0-28；（b）20-50-28；（c）20-100-28；（d）30-0-28；（e）30-50-28；
（f）30-100-28；（g）40-0-28；（h）40-50-28

　　声发射振铃计数为换能器越过门槛信号的震荡次数，是反映岩石破裂情况的基本测量参数，广泛应用于岩体内部裂纹演化分析。图4-11至图4-13是不同接顶率情况下，岩石受动载扰动影响的时间－振铃计数－累计振铃计数关系曲线。

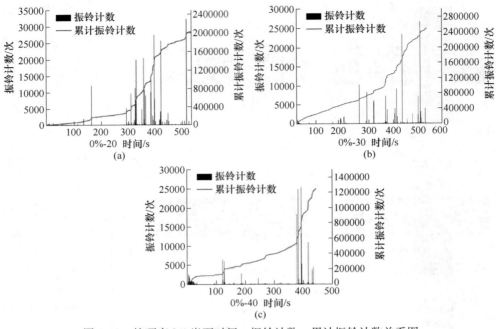

图4-11　接顶率0%岩石时间 – 振铃计数 – 累计振铃计数关系图

（a）孔径20mm；（b）孔径30mm；（c）孔径40mm

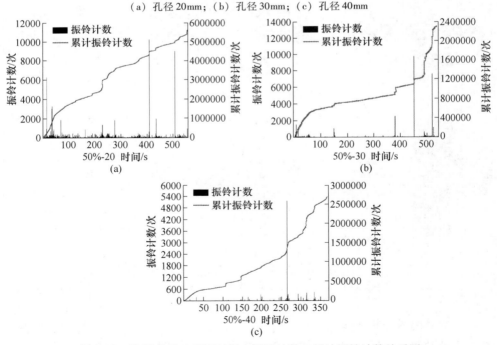

图4-12　接顶率50%岩石时间 – 振铃计数 – 累计振铃计数关系图

（a）孔径20mm；（b）孔径30mm；（c）孔径40mm

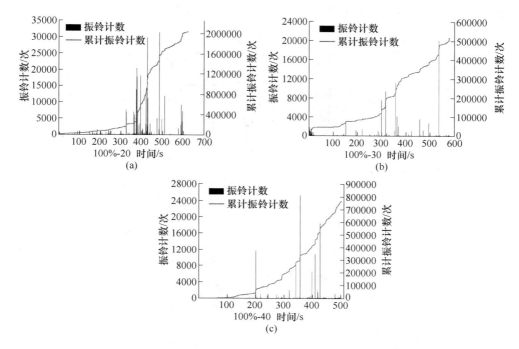

图 4-13 接顶率 100% 岩石时间 – 振铃计数 – 累计振铃计数关系图

(a) 孔洞边长 20mm；(b) 孔洞边长 30mm；(c) 孔洞边长 40mm

观察图 4-11 至图 4-13 可知，在加载的全过程中，岩石振铃计数依次经历缓慢增长区、快速增长区、快速下降区，累计振铃计数对应依次经历缓慢上升区、快速上升区和缓慢下降区 3 个阶段。

缓慢增长区：试件在加载过程中，内部微裂隙被压实，只有少量裂隙产生，振铃计数增加平缓，此时振铃计数保持在 1000 次以内。

快速增长区：由于试件内部裂隙被压实，在继续加载的过程中，新的裂隙不断产生，并且裂隙之间相互贯通，岩石试件不断向外界释放信号，振铃计数猛烈增加，累计振铃大部分突破 1000 次，有少部分突破 5000 次。

缓慢下降区：岩石试件在峰后当轴向压力超过岩石试件极限荷载，试件出现失稳破坏，应力 – 应变曲线进入峰后阶段，此时岩石向外界释放信号越来越少，振铃计数逐渐减小。

图 4-14 至图 4-16 为振铃计数和应力 – 应变关系曲线，可以看到，在加载的全过程中，OA 段为试件裂隙压密阶段，产生少量的裂隙，振铃计数次数也相对较少；AB 段为弹性变形阶段，这一阶段振铃计数次数比 OA 阶段也少，起源于是试件在弹性变形阶段产生的裂隙更少；BC 阶段为微裂隙稳定发展阶段，此时的振铃计数次数缓慢增加；CD 段为非稳定裂隙发展阶段，这个阶段内振铃计数次数迅速增

加，在其达到峰值应力前最为集中，可作为出试件在达到峰值应力的前兆。

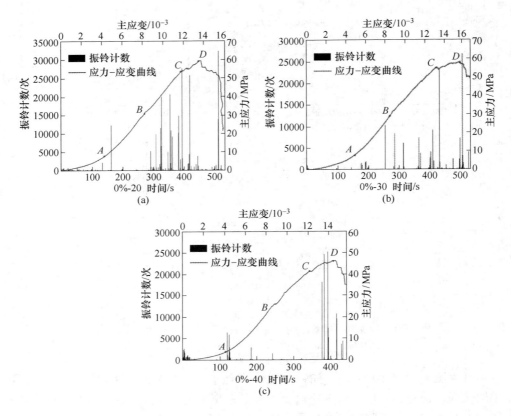

图 4-14　接顶率 0% 振铃计数和应力 – 应变关系曲线
（a）孔洞边长 20mm；（b）孔洞边长 30mm；（c）孔洞边长 40mm

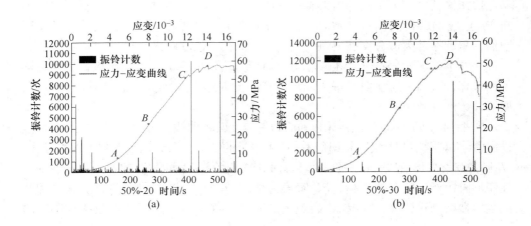

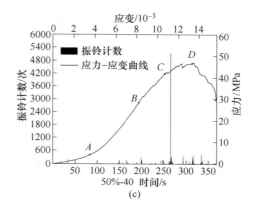

图 4-15　接顶率 50% 振铃计数和应力 – 应变关系曲线

（a）孔洞边长 20mm；（b）孔洞边长 30mm；（c）孔洞边长 40mm

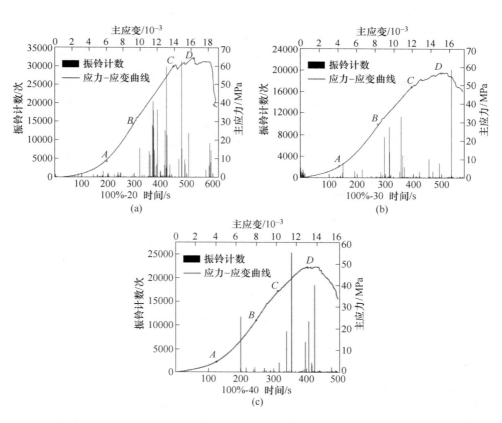

图 4-16　接顶率 100% 振铃计数和应力 – 应变关系曲线

（a）孔洞边长 20mm；（b）孔洞边长 30mm；（c）孔洞边长 40mm

4.2　岩石孔洞周边应力分布

岩石试件中存在孔洞，其在孔洞的周边容易产生应力集中现象，为探究充填接顶率对围岩应力分布的影响，采用复变函数保角变换的方法，分析总结出在围岩应力和充填支护力的作用下的分布式。

4.2.1　假设条件

（1）采场形状位于模型中央，整体为规则的正方形，断面为边长 $2a$，且断面尺寸远远小于模型整体尺寸，可将应力场的求解简化成无限域的孔口问题，正方形采场围岩应力解析力学模拟，如图 4-17 所示。

（2）只考虑自重产生的初始应力场，且假设采场埋深较大，可忽略采场附近由于重力引起的梯度效应，故认为模型受到竖直方向均匀的远场应力 σ_1 和水平方向均匀的远场应力 $\sigma_2 = \lambda\sigma_1$，式中 λ 为侧压力系数。

（3）围岩为均质、各向同性的连续介质，只发生弹性变形。

（4）采场内壁受到均匀的垂直和水平支护阻力，且大小均为 Q。

（5）x_1 为距左顶角的充填接顶长度，接顶率为 $\dfrac{x_1}{2a} \times 100\%$。

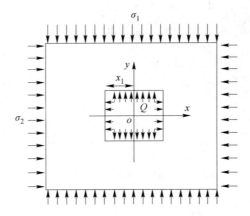

图 4-17　正方形采场围岩应力解析力学模拟

4.2.2　复变函数保角变换

根据正方形的复变函数变换式（4-1），映射函数通常取 2 项既可以保证一定的精度要求又可以使推导过程相对简洁，因此取

$$z = x + iy = \omega(\zeta) = R\left(\frac{1}{\zeta} - \frac{1}{6}\zeta^3 + \frac{1}{56}\zeta^7 - \frac{1}{176}\zeta^{11} + \cdots\right) \tag{4-1}$$

$$\omega(\zeta) = R\left(\frac{1}{\zeta} - \frac{1}{6}\zeta^1\right) \qquad (4\text{-}2)$$

式中 R——实数，反映正方形的大小。

当 $\rho = 1$，而 $\zeta = \rho e^{i\phi} = \rho(\cos\phi + i\sin\phi)$，可得：

$$z = x + iy = \omega(\zeta) = R\left(e^{-i\theta} - \frac{1}{6}e^{3i\theta}\right) = R\left(\cos\theta - i\sin\theta - \frac{1}{6}\cos3\theta - \frac{1}{6}i\sin3\theta\right) \qquad (4\text{-}3)$$

分离虚部与实部：

$$x = R\left(\cos\theta - \frac{1}{6}\cos3\theta\right)$$

$$y = -R\left(\sin\theta + \frac{1}{6}\sin3\theta\right) \qquad (4\text{-}4)$$

z 平面上角度以逆时针方向为正，ζ 平面上以顺时针方向为正，如图 4-18 所示，选取 z 平面上正方形采场 3 个特殊点 $E(a,0)$、$F(0,a)$ 和 $A(a,a)$ 分别对应 ζ 平面上相对应的点 $E'(1,0)$、$F'\left(1, -\frac{\pi}{2}\right)$ 和 $A'\left(1, \frac{\pi}{4}\right)$ 分别联立，代入式（4-4）中，联立对应点，可得方程：

$$R = \frac{6}{5}a \qquad (4\text{-}5)$$

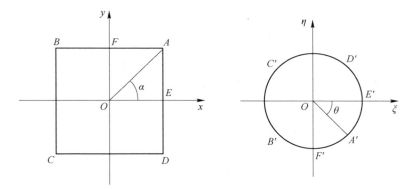

图 4-18 正方形采场与单位圆的映射关系

4.2.3 复势函数解析方法步骤

对式（4-2）进行如下变换，得出以下相应的解析量：

$$\omega'(\sigma) = -R\left(\frac{1}{\sigma^2} + \frac{1}{2}\sigma^2\right)$$

$$\overline{\omega(\sigma)} = R\left(\sigma - \frac{1}{6\sigma^3}\right)$$

$$\overline{\omega'(\sigma)} = -R\left(\sigma^2 + \frac{1}{2\sigma^2}\right) \tag{4-6}$$

式中　$\overline{\omega(\sigma)}$，$\overline{\omega'(\sigma)}$——分别为 $\omega(\sigma)$ 和 $\omega'(\sigma)$ 的共轭函数。为方便计算，引入　　　记号 f_0。

$$f_0 = i\int(\bar{f}_x + i\bar{f}_y)\,\mathrm{d}s - \frac{\overline{F}_x + i\overline{F}_y}{2\pi}\ln\sigma - \frac{1+u}{8\pi}(\overline{F}_x - i\overline{F}_y)\frac{\omega(\sigma)}{\overline{\omega'(\sigma)}}\sigma -$$
$$2B\omega(\sigma) - (B' - iC')\overline{\omega(\sigma)} \tag{4-7}$$

式中　$\sigma = \zeta = \mathrm{e}^{i\theta}$——复变量 ζ 在巷道边界处的值；

　　　　$\bar{f}_x$，$\bar{f}_y$——正方形孔口内边界上在 x 和 y 方向上的面力分量，由支护体　　　　　　　　　提供；

　　　　$\overline{F}_x$，$\overline{F}_y$——矩形孔口内边界上所有面力在 x 和 y 方向上的主矢量；

　　B，B'，C'——可由远场应力 σ_1 和 σ_2 表示出来。

$$B = \frac{1}{4}(\sigma_1 + \sigma_2), B' + iC' = -\frac{1}{2}(\sigma_1 - \sigma_2)\mathrm{e}^{-2i\alpha} \tag{4-8}$$

需要规定两个复势函数：

$$\varphi(\zeta) = \frac{1+u}{8\pi}(\overline{F}_x + i\overline{F}_y)\ln\zeta + B\omega(\zeta) + \varphi_0(\zeta) \tag{4-9}$$

$$\psi(\zeta) = -\frac{3-u}{8\pi}(\overline{F}_x - i\overline{F}_y)\ln\zeta + (B' + iC')\omega(\zeta) + \psi_0(\zeta) \tag{4-10}$$

其中

$$\varphi_0(\zeta) = \sum_{k=1}^{\infty}\alpha_k\zeta^k, \psi_0(\zeta) = \sum_{k=1}^{\infty}\beta_k\zeta^k \tag{4-11}$$

式（4-11）在中心单位圆之内是 ζ 的解析函数，并且在圆内和圆周上是连续的，可由式（4-12）并结合柯西积分公式，将等号两边 ζ 的同次项的系数分离后对比求出。

$$\left.\begin{array}{l} \varphi_0(\zeta) + \dfrac{1}{2\pi i}\displaystyle\int_{\sigma}\dfrac{\omega(\sigma)}{\overline{\omega'(\sigma)}}\dfrac{\overline{\varphi'_0(\sigma)}}{\sigma - \zeta}\mathrm{d}\sigma = \dfrac{1}{2\pi i}\displaystyle\int_{\sigma}\dfrac{f_0}{\sigma - \zeta}\mathrm{d}\sigma \\[3mm] \psi_0(\zeta) + \dfrac{1}{2\pi i}\displaystyle\int_{\sigma}\dfrac{\overline{\omega(\sigma)}}{\omega'(\sigma)}\dfrac{\varphi'_0(\sigma)}{\sigma - \zeta}\mathrm{d}\sigma = \dfrac{1}{2\pi i}\displaystyle\int_{\sigma}\dfrac{\bar{f}_0}{\sigma - \zeta}\mathrm{d}\sigma \end{array}\right\} \tag{4-12}$$

将求出的 $\varphi_0(\zeta)$ 和 $\psi_0(\zeta)$ 代入式（4-9）和式（4-10）求出 $\varphi(\zeta)$ 和 $\psi(\zeta)$，再结合式（4-6）和式（4-3）求出 $\Phi(\zeta)$ 和 $\Psi(\zeta)$：

$$\left.\begin{array}{l} \Phi(\zeta) = \varphi'(\zeta)/\omega'(\zeta) \\ \psi(\zeta) = \psi'(\zeta)/\omega'(\zeta) \end{array}\right\} \tag{4-13}$$

将式（4-6）和式（4-13）代入式（4-12）：

$$\left.\begin{array}{l} \sigma_\theta + \sigma_\rho = 2\left[\Phi(\zeta) + \overline{\Phi(\zeta)}\right] = 4Re\Phi(\zeta) \\[2mm] \sigma_\theta - \sigma_\rho + 2i\tau_{\rho\theta} = \dfrac{2\zeta^2}{\rho^2\,\omega'(\zeta)}\left[\overline{\omega(\zeta)}\Phi'(\zeta) + \omega'(\zeta)\Psi(\zeta)\right] \end{array}\right\} \tag{4-14}$$

将 $\zeta = \rho(\cos\theta + i\sin\theta)$ 代入式（4-14），并分离虚部实部后，即可取得 σ_θ、σ_ρ 和 $\tau_{\rho\theta}$ 的函数表达式。

4.2.4 理论计算求解

分析式（4-7），f_0 由两部分组成，前一部分为无远场应力，只在孔壁上作用支护阻力的情况，后一部分只在远场应力作用下，而不施加支护阻力的情况。为了计算简便，可分别求解两种情况围岩应力的复变解析量，如图4-19所示。

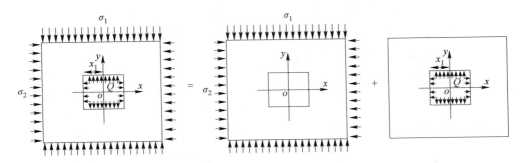

图4-19 含支护阻力的正方形孔口周边应力叠加方式

（1）不考虑支护阻力的围岩应力解析量计算（存在远场应力）。无支护作用下的矩形采场受到远场应力 σ_1 和 σ_2，孔边界所受面力为 0，则 $\bar{f}_x = \bar{f}_y = \overline{F}_x = \overline{F}_y = 0$，$f_0 = -2B\omega(\sigma) - (B' + iC')\overline{\omega(\sigma)}$，乘 $\dfrac{1}{2\pi i}\dfrac{\mathrm{d}\sigma}{\sigma - \zeta}$，得到式（4-12）第一式的右边积分式为：

$$\frac{1}{2\pi i}\frac{f_0\mathrm{d}\sigma}{\sigma - \zeta} = \frac{1}{2}\sigma_1 R\left[\frac{1+\lambda}{6}\zeta^3 + (1+\lambda)\zeta\mathrm{e}^{2i\alpha}\right] \tag{4-15}$$

左边积分式为：

$$\frac{1}{2\pi i}\int_\sigma \frac{\omega(\sigma)}{\omega'(\sigma)}\frac{\overline{\varphi'_0(\sigma)}}{\sigma - \zeta}\mathrm{d}\sigma = \frac{1}{2\pi i}\int_\sigma \frac{R\left(\dfrac{1}{\sigma} - \dfrac{1}{6}\sigma^3\right)}{-R\left(\sigma^2 + \dfrac{1}{2\sigma^2}\right)} \times \frac{\bar{\alpha}_1 + \dfrac{2\bar{\alpha}_2}{\sigma} + \dfrac{3\bar{\alpha}_3}{\sigma^2} + \cdots}{\sigma - \zeta}\mathrm{d}\sigma$$

$$= \frac{1}{6}\bar{\alpha}_1\zeta + \frac{1}{3}\bar{\alpha}_2 \tag{4-16}$$

将式（4-15）和式（4-16）代入式（4-12）第一式得：

$$\alpha_1\zeta + \alpha_2\zeta^2 + \alpha_3\zeta^3 + \cdots + \frac{1}{6}\bar{\alpha}_1\zeta + \frac{1}{3}\bar{\alpha}_2 = \frac{1}{2}\sigma_1 R\left[\frac{1+\lambda}{6}\zeta^3 + (1+\lambda)\zeta\mathrm{e}^{2i\alpha}\right]$$

将两边 ζ 的同幂次项的系数对比有：

$$\alpha_1 + \frac{1}{6}\overline{\alpha_1} = \frac{1}{2}\sigma_1 Re^{2i\alpha}(1-\lambda), \alpha_2 = 0, \alpha_3 = \frac{\sigma_1 R}{12}(1+\lambda), \alpha_4 = \alpha_5 = \cdots = 0$$

从而得出:

$$\alpha_1 = \sigma_1 R\left[\frac{3}{7}(1-\lambda)\cos2\alpha + \frac{3}{5}i(1-\lambda)\sin2\alpha\right], \alpha_2 = 0, \alpha_3 = \frac{\sigma_1 R}{12}(1+\lambda)$$

于是有:

$$\varphi_0(\zeta) = \alpha_1\zeta + \alpha_2\zeta^2 + \alpha_3\zeta^3 = \sigma_1 R\left[(1-\lambda)\left(\frac{3}{7}\cos2\alpha + \frac{3}{5}i\sin2\alpha\right)\zeta + \frac{1+\lambda}{12}\zeta^3\right]$$

$$(4-17)$$

将 f_0 和式 (4-16) 和式 (4-17) 代入式 (4-12) 第二式得:

$$\psi_0(\zeta) = -\frac{1}{2}\sigma_1 R\left[(1+\lambda)\zeta + \frac{\zeta^3}{6}(1-\lambda)e^{-2i\alpha} - \frac{13\zeta^3}{3(2+\zeta^4)}(1-\lambda)\right.$$
$$\left.\left(\frac{3}{7}\cos2\alpha + i\frac{3}{5}\sin2\alpha\right) + \left(\frac{1}{6\zeta} - \frac{13\zeta^3}{6(2+\zeta^4)}\right)\frac{1+\lambda}{2}\zeta^2\right] \quad (4-18)$$

将式 (4-17) 和式 (4-16) 代入式 (4-18) 求得 $\varphi_1(\zeta)$:

$$\varphi_1(\zeta) = \sigma_1 R\left[\frac{1+\lambda}{4\zeta} + \frac{1+\lambda}{24}\zeta^3 + (1-\lambda)\left(\frac{3}{7}\cos2\alpha + i\frac{3}{5}\sin2\alpha\right)\zeta\right] \quad (4-19)$$

将式 (4-18) 和式 (4-6) 代入式 (4-10) 求得 $\psi_1(\zeta)$:

$$\psi_1(\zeta) = -\frac{1}{2}\sigma_1 R\left[\frac{(1-\lambda)e^{-2i\alpha}}{\zeta} + \frac{13\zeta(1+\lambda) - 26\zeta^3(1-\lambda)\left(\frac{3}{7}\cos2\alpha + i\frac{3}{5}\sin2\alpha\right)}{6(2+\zeta^4)}\right]$$

$$(4-20)$$

将式 (4-19) 和式 (4-20) 代入式 (4-13) 得

$$\Phi(\zeta) = -\frac{\sigma_1}{4}\frac{(1+\lambda)\zeta^4 - 2(1+\lambda) + 8\zeta^2(1-\lambda)\left(\frac{3}{7}\cos2\alpha + i\frac{3}{5}\sin2\alpha\right)}{2+\zeta^4}$$

$$\Psi(\zeta) = \frac{\sigma_1\zeta^2}{6(2+\zeta^4)^3}\left[13(1+\lambda)(2-3\zeta^4) - 6(1-\lambda)e^{-2i\alpha}(2+\zeta^4)^2 - \right.$$
$$\left.13\zeta^2(1-\lambda)\left(\frac{3}{7}\cos2\alpha + i\frac{3}{5}\sin2\alpha\right)(1-2\zeta^4)\right] \quad (4-21)$$

再求应力分量, 由式 (4-2) 可以求得 $\left(注意 \ \overline{\zeta} = \frac{\rho^2}{\zeta}\right)$

$$\omega'(\zeta) = -R\left(\frac{1}{\zeta^2} + \frac{1}{2}\zeta^2\right)$$

$$\overline{\omega(\zeta)} = R\left(\frac{\zeta}{\rho^2} - \frac{\rho^6}{6\zeta^3}\right)$$

$$\overline{\omega'(\zeta)} = -R\left(\frac{\zeta^2}{\rho^4} + \frac{\rho^4}{2\zeta^2}\right) \quad (4-22)$$

将式 (4-21) 和式 (4-22) 代入式 (4-14) 得：

$$\sigma_{\theta1} + \sigma_{\rho1} = -\sigma_1 Re \frac{(1+\lambda)\zeta^4 - 2(1+\lambda) + 8\zeta^2(1-\lambda)\left(\frac{3}{7}\cos2\alpha + i\frac{3}{5}\sin2\alpha\right)}{2+\zeta^4}$$

$$\sigma_{\theta1} - \sigma_{\rho1} + 2i\tau_{\rho\theta1} = -\frac{4\zeta^4\rho^2}{2\zeta^4 + \rho^8}\sigma_1\left[\left(\frac{\zeta}{\rho^2} + \frac{\rho^6}{6\zeta^3}\right)\right.$$

$$\frac{9(1+\lambda)\zeta^3 + 8(1-\lambda)\zeta\left(\frac{3}{7}\cos2\alpha + i\frac{3}{5}\sin2\alpha\right)(2-3\zeta^4) - 3(1+\lambda)\zeta^7}{4(2+\zeta^4)^2} -$$

$$\frac{1}{12(2+\zeta^4)^2}\Big]13(1+\lambda)(2-3\zeta^4) - 6(1-\lambda)e^{-2i\alpha}(2+\zeta^4)^2 - 13(1-\lambda)$$

$$\left(\frac{3}{7}\cos2\alpha + i\frac{3}{5}\sin2\alpha\right)(\zeta^2 - 2\zeta^6) \tag{4-23}$$

将 $\zeta = \rho(\cos\theta + i\sin\theta)$ 代入式 (4-23)，分开虚部实部后，再经过简单的运算即可得出 $\sigma_{\theta1}$、$\sigma_{\rho1}$ 和 $\tau_{\rho\theta1}$，式中 $\sigma_{\theta1}$、$\sigma_{\rho1}$ 和 $\tau_{\rho\theta1}$ 分别表示径向应力、切向应力和剪切应力。

(2) 只考虑支护阻力的围岩应力解析量计算（不存在远场应力），则 $\bar{f}_x = \bar{f}_y = Q$，$\overline{F}_x = \overline{F}_y = 0$，$\sigma_1 = \sigma_2 = 0$，$B = 0$，$B' = 0$，$C' = 0$，$f_0 = i\int(Q+iQ)ds = -Q\omega(\sigma)$

将 f_0 和式 (4-16) 代入式 (4-12) 中第一式得：

$$\alpha_1\zeta + \alpha_2\zeta^2 + \alpha_3\zeta^3 + \cdots + \frac{1}{6}\bar{\alpha}_1\zeta + \frac{1}{3}\bar{\alpha}_2 = QR\left(\frac{\zeta^3}{6}\right)$$

将两边 ζ 的同幂次项的系数对比有：

$$\alpha_3 = \frac{QR}{6}, \alpha_1 = \alpha_2 = \alpha_4 = \alpha_5 = \cdots = 0$$

从而得出：

$$\varphi_0(\zeta) = \alpha_3\zeta^3 = \frac{QR}{6}\zeta^3 \tag{4-24}$$

将 f_0 和式 (4-6) 和式 (4-24) 代入式 (4-12) 中第二式得：

$$\psi_0(\zeta) = QR\left[\frac{6\zeta^5 - 1\zeta}{6(2+\zeta^4)} - \zeta + \frac{1}{6\zeta^3}\right] \tag{4-25}$$

将式 (4-4) 和式 (4-6) 代入式 (4-9) 求得 $\varphi_2(\zeta)$：

$$\varphi_2(\zeta) = \varphi_0(\zeta) = \frac{QR}{6}\zeta^3 \tag{4-26}$$

将式 (4-25) 和式 (4-6) 代入式 (4-10) 求得 $\psi_2(\zeta)$：

$$\psi_2(\zeta) = \psi_0(\zeta) = QR\left[\frac{6\zeta^5 - 1\zeta}{6(2+\zeta^4)} - \zeta + \frac{1}{6\zeta^3}\right] \tag{4-27}$$

将式（4-26）和式（4-27）代入式（4-13）得：

$$\Phi_2(\zeta) = -\frac{2Q\zeta^3}{2+\zeta^4}$$

$$\Psi_2(\zeta) = -Q\left[\frac{34\zeta^6 - 1\zeta^2 - 24\zeta^{10}}{3(2+\zeta^4)^3} - 2\zeta^2 - \frac{1}{2\zeta^2}\right] \tag{4-28}$$

将式（4-22）和式（4-28）代入式（4-14）得：

$$\sigma_{\theta 2} + \sigma_{\rho 2} = 4Re\Phi(\zeta) = -\frac{8Q\zeta^3}{2+\zeta^4}$$

$$\sigma_{\theta 2} - \sigma_{\rho 2} + 2i\tau_{\rho\theta 2} = -\frac{4\zeta^4\rho^2}{2\zeta^4 + \rho^8}Q\left[\left(\frac{\zeta}{\rho^2} + \frac{\rho^6}{6\zeta^3}\right)\frac{2Q\zeta^2(\zeta^4 - 6)}{(2+\zeta^4)^2} + \right.$$

$$\left. \frac{34\zeta^4 - 1 - 24\zeta^8}{6(2+\zeta^4)^2} - 2 - \zeta^4 - \frac{2+\zeta^4}{4\zeta^4}\right] \tag{4-29}$$

将 $\zeta = \rho(\cos\theta + i\sin\theta)$ 代入式（4-29），分开虚部、实部后，再经过简单的运算即可得出 $\sigma_{\theta 2}$、$\sigma_{\rho 2}$ 和 $\tau_{\rho\theta 2}$，式中 $\sigma_{\theta 2}$、$\sigma_{\rho 2}$ 和 $\tau_{\rho\theta 2}$ 分别表示径向应力、切向应力和剪切应力。

4.2.5　考虑支护阻力的围岩应力解析量计算（存在远场应力）

由上述是否考虑充填支护阻力的两种情况解析可知，接顶部分的应力解析式为式（4-30），为接顶部分的应力解析式为式（4-31）

$$\left.\begin{array}{l} \sigma_\theta = \sigma_{\theta 1} + \sigma_{\theta 2} \\ \sigma_\rho = \sigma_{\rho 1} + \sigma_{\rho 2} \\ \tau_{\rho\theta} = \tau_{\rho\theta 1} + \tau_{\rho\theta 2} \end{array}\right\} \tag{4-30}$$

$$\left.\begin{array}{l} \sigma_\theta = \sigma_{\theta 1} \\ \sigma_\rho = \sigma_{\rho 1} \\ \tau_{\rho\theta} = \tau_{\rho\theta 1} \end{array}\right\} \tag{4-31}$$

4.3　数值模拟分析

针对岩土工程领域内出现的各种研究对象，例如堆积体边坡、堆石坝、抛石路基等，其本质上是由许许多多散体介质胶结或者架空而成，通过颗粒介质材料承受并传递上部荷载。PFC 程序（Particle Flow Code）又称为颗粒流方法，是基于通用离散单元模型（DEM）框架，由计算引擎和图形用户界面构成的细观分析软件。

PFC 颗粒流软件在目前的数值模拟方法中属于非连续性分析方法，主要用于模拟有限尺寸颗粒的运动和相互作用，而颗粒是带质量的刚性体，可以平移和转动。颗粒通过内部惯性力、力矩，以及成对接触的方式产生相互作用，接触力通过更新内力、力矩产生相互作用。在 PFC 中，模型由实体（body）、片（piece）和接触（contact）组成。实体主要有 3 种类型：球、簇和墙。在 PFC 2D 中，球表现为圆盘，在 PFC 3D 中球表现为球。

在众多数值模拟分析方法中，PFC 颗粒流软件主要的优点在于不受变形量限制，可方便地处理非连续介质力学问题，体现多相介质的不同物理关系可有效地模拟介质的开裂，分离等非连续现象可以反映机理、过程、结果。

4.3.1　模型建立

本次模拟试验所需构建的模型主要分为两个部分：岩石颗粒模型与节理接触模型。如图 4-20 所示，在构建的岩石颗粒模型中，模型尺寸与室内试验岩石尺寸保持一致，为 100mm×100mm×100mm。接着在岩石模型内部构建孔洞模型，如图 4-20 中黑色颗粒为岩石，绿色颗粒为充填。在 PFC 3D 中将两种颗粒进行分组，再分别给他们赋予不同的参数，以模拟不同的材料。在本章真三轴模拟方案中，将含孔洞岩石的孔径共设置为 5 组（20mm、25mm、30mm、35mm、40mm）。

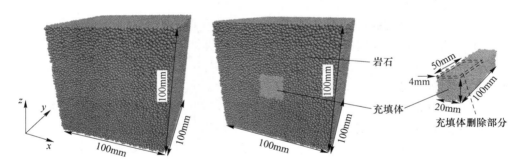

图 4-20　岩石颗粒模型与节理接触模型

模型设置完毕后，需对颗粒之间进行接触模型设置。岩石颗粒之间和充填颗粒之间采用平行黏结模型（Linea rpbond），Linear pbond 模型在线性接触模型（Linear）基础上增加了黏结功能，接触面不再是点，而是具有一定尺寸的平面，这样的变动使得接触模型不单可以传递力，同时还能传递力矩。所以这个模型常常用来模拟密实材料，如岩石、煤和充填体等，见图 4-21。

在 Linear pbond 模型中，主要由 3 个部分构成：弹簧原件、阻尼器原件和黏结原件。在设定相应的细观参数时，可以分为 3 个部分。在 Linear pbond 模型中，法向、切向刚度比（kratio）主要控制材料泊松比，平行黏结张拉强度（pb_ten）和内聚力（pb_coh）主要控制材料峰值应力，平行黏结有效模量（pb_emod）主要控制材料弹性模量。

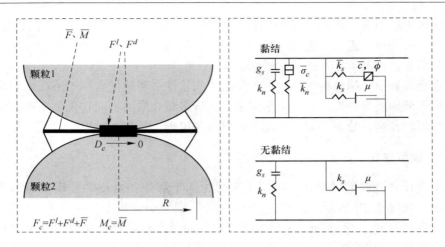

图 4-21　接触模型原理

4.3.2　参数标定

在进行数值模拟之前，首先要进行验证模拟，对已经构建的模型赋予细观力学参数，将模拟得到的宏观力学参数与室内试验获取的材料力学参数进行对比，通过不断的修改模型细观力学参数，使得模拟计算结果不断接近实际情况，以此来标定材料宏观力学参数，只有当数值计算结果与试验结果基本一致时，此时模型细观参数较为可靠，可以进行下一步模拟试验。本次模拟试验选取孔径 40mm 充填接顶率 100%（$\sigma_2 = 30\text{MPa}$）的室内试验结果为参照，经过不断修改细观参数，此时数值模拟结果与试验结果，如图 4-22 所示，可以看到，室内试验得到的宏观力学参数与数值模拟结果接近，结果较为可靠，岩石模型细观参数见表 4-3。

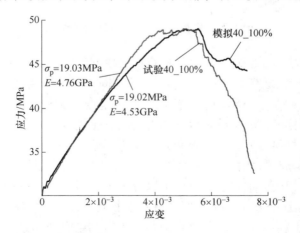

图 4-22　数值计算结果与试验结果对比

表 4-3　岩石 – 充填体细观力学参数

细观参数	岩石	充填体	岩石 – 充填体之间
最小半径/mm	0.8	0.64	
最大半径/mm	1.2	0.96	
颗粒密度/kg·m^{-3}	2500	1700	
摩擦系数	0.7	0.7	0.7
刚度比	2	2	2
线性黏结有效模量/GPa	8.44	0.15	0.175
平行黏结有效模量/GPa	8.44	0.15	0.175
抗拉强度/MPa	50.02	3.9	4.2
内聚力/MPa	25.01	1.95	2.1
摩擦角/(°)	45	30	30

4.3.3　模拟结果分析

本节主要研究含不同孔径大小和充填接顶率的岩石试件在真三轴伺服加载条件下,孔径大小和充填接顶率对岩石真三轴强度的劣化效应。模拟试验结果见表 4-4。

表 4-4　模拟实验结果

试样编号	峰值应力 σ_1/MPa	轴向应变 ε_1	弹性模量 E_0/GPa	泊松比 ν
R-B-20-0	56.62	5.45×10^{-3}	5.61	0.154
R-B-20-25	56.14	5.94×10^{-3}	5.91	0.167
R-B-20-50	58.07	6.37×10^{-3}	6.27	0.166
R-B-20-75	63.23	6.70×10^{-3}	6.45	0.186
R-B-20-100	65.01	6.81×10^{-3}	6.76	0.191
R-B-25-0	54.96	5.52×10^{-3}	5.21	0.176
R-B-25-25	56.07	5.89×10^{-3}	5.43	0.231
R-B-25-50	57.79	6.09×10^{-3}	5.64	0.214
R-B-25-75	60.14	6.24×10^{-3}	5.86	0.196
R-B-25-100	62.72	6.58×10^{-3}	6.20	0.201
R-B-30-0	51.30	5.34×10^{-3}	5.16	0.288
R-B-30-25	54.84	5.50×10^{-3}	5.33	0.225
R-B-30-50	55.76	5.96×10^{-3}	5.57	0.254
R-B-30-75	56.31	6.23×10^{-3}	5.65	0.189
R-B-30-100	56.89	6.41×10^{-3}	5.97	0.162

试样编号	峰值应力 σ_1/MPa	轴向应变 ε_1	弹性模量 E_0/GPa	泊松比 ν
R-B-35-0	50.21	5.01×10^{-3}	4.98	0.215
R-B-35-25	51.03	5.30×10^{-3}	5.20	0.197
R-B-35-50	51.77	5.50×10^{-3}	5.39	0.213
R-B-35-75	52.34	5.63×10^{-3}	5.46	0.186
R-B-35-100	52.73	5.85×10^{-3}	5.75	0.204
R-B-40-0	46.86	4.89×10^{-3}	4.92	0.249
R-B-40-25	47.27	4.96×10^{-3}	5.07	0.216
R-B-40-50	47.42	5.02×10^{-3}	5.16	0.200
R-B-40-75	48.11	5.06×10^{-3}	5.25	0.179
R-B-40-100	49.03	5.11×10^{-3}	5.48	0.167

峰值应力、峰值应变和弹性模量是组合模型的主要力学参数，图 4-23 ~ 图 4-25 为各工况下组合模型峰值应力 σ_p、峰值应变 ε_p、弹性模量 E 随掏孔大小和充填接顶率的关系图。从图 4-23(a) 可以看出，在掏孔尺寸和充填接顶率共同作用下，随着掏孔尺寸增大以及充填接顶率的降低，组合试样强度整体呈下降趋势。此外，如组合试样强度垂直投影图（图 4-23(b)）所示，利用图中峰值应力所跨越的色域范围可以判断掏孔尺寸和充填接顶率对组合试样强度的影响程度。总体而言，组合试样强度在断面尺寸坐标轴方向上的变化范围为 36.66% ~ 45.64%，在充填接顶率坐标轴上的变化范围为 11.40% ~ 23.96%。因此，掏孔尺寸和充填接顶率变化对组合试样强度均有显著影响，具有明显的耦合作用效果，且从等高线的疏密程度来看，组合试样强度在 50% ~ 100% 的充填接顶率和 25 ~ 35mm 的掏孔尺寸范围受影响程度更大。

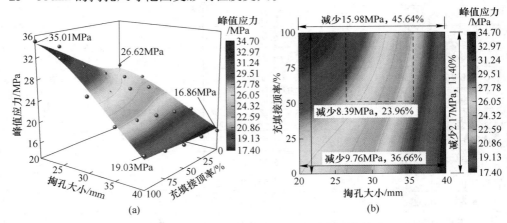

图 4-23 峰值应力与掏孔边长及充填接顶率关系
(a) 峰值应力与掏孔及充填接顶率关系；(b) 垂直投影

从图 4-24(a) 可以看出，在掏孔尺寸和充填接顶率共同作用下，随着掏孔尺寸增大以及充填接顶率的降低，组合试样峰值应变整体呈下降趋势。此外，如组合试样应变垂直投影图（图 4-24(b)）所示，利用图中应变所跨越的色域范围可以判断掏孔尺寸和充填接顶率对组合试样峰值应变的影响程度。总体而言，组合试样峰值应变在掏孔尺寸坐标轴方向上的变化范围为 10.28% ~ 24.96%，在充填接顶率坐标轴上的变化范围为 4.31% ~ 19.97%。因此，掏孔尺寸和充填接顶率变化对组合试样峰值应变均有显著影响，具有明显的耦合作用效果，且在 50% ~ 100% 的充填接顶率和 35 ~ 40mm 的掏孔尺寸范围内，掏孔尺寸对组合试样峰值应变影响程度更大。

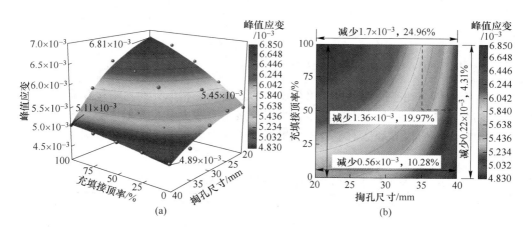

图 4-24　峰值应变与掏孔边长及充填接顶率关系
（a）峰值应变与掏孔及充填接顶率关系；（b）垂直投影

从图 4-25(a) 可以看出，在掏孔尺寸和充填接顶率共同作用下，随着掏孔尺寸增大以及充填接顶率的降低，组合试样弹性模量整体呈下降趋势。此外，如组合试样强度垂直投影图（图 4-25(b)）所示，利用图中弹性模量所跨越的色域范围可以判断掏孔尺寸和充填接顶率对组合试样弹性模量的影响程度。总体而言，组合试样弹性模量在掏孔尺寸坐标轴方向上的变化范围为 12.30% ~ 18.93%，在充填接顶率坐标轴上的变化范围为 10.22% ~ 17.01%。可知，掏孔尺寸和充填接顶率变化对组合试样弹性模量均有较小影响，但具有明显的耦合作用效果，在 50% ~ 100% 的充填接顶率和 20 ~ 25mm 的掏孔尺寸范围内，掏孔尺寸对组合试样弹性模量影响程度更大。

将以上变化情况整理成表 4-5，从表中可知，组合试样的峰值应力 σ_p、峰值应变 ε_p、弹性模量 E 的影响趋势一致，均随着断面尺寸的增加而减小，随着充填接顶率的增加而增加。因为充填体的强度远小于岩石强度，所以当断面尺寸越

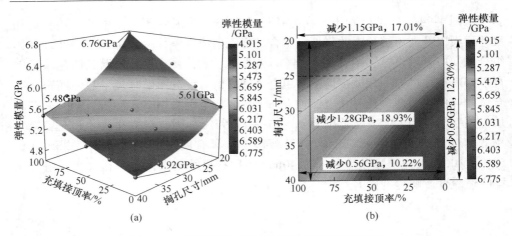

图 4-25　弹性模量与掏孔边长及充填接顶率关系

（a）弹性模量与掏孔及充填接顶率关系；（b）垂直投影

大时，充填体占比空间就越大，组合试样的强度也就越低。而充填接顶率对组合试样的影响则是作用接触面的大小，当充填接顶率增大时，充填体与岩石的接触区域也越大，所以充填体对组合试样提供的支撑力也越大，也就表现为力学性质增加。

表 4-5　力学特性与掏孔边长及充填接顶率关系一览表

力学性质	影响因素	影响趋势	影响程度/%	重点影响区域
峰值应力 σ_p	断面尺寸	负相关	36.66 ~ 45.64	25 ~ 35mm
	充填接顶率	正相关	11.40 ~ 23.96	50% ~ 100%
峰值应变 ε_p	断面尺寸	负相关	10.28 ~ 24.96	35 ~ 40mm
	充填接顶率	正相关	4.31 ~ 19.97	50% ~ 100%
弹性模量 E	断面尺寸	负相关	12.30 ~ 18.93	20 ~ 25mm
	充填接顶率	正相关	10.22 ~ 17.01	50% ~ 100%

在影响程度方面，断面尺寸的影响程度均大于充填接顶率，其中峰值应力的影响程度较大，峰值应变和弹性模量的较小。充填接顶率的重点影响区域均在50% ~ 100%，而断面尺寸对不同力学性质的重点影响区域不同，峰值应力的重点影响范围是在 35 ~ 40mm，峰值应变的重点影响范围是在 25 ~ 35mm，弹性模量的重点影响范围是在 20 ~ 25mm。

4.3.4　颗粒位移矢量与裂纹演化规律

在数值模拟中，采用 PFC 颗粒流软件进行组合试样真三轴双向加载模拟，基于命令编码与颗粒流软件自身特点，记录裂纹的时空演化过程、颗粒位移矢量状态、颗粒位移状态、接触力链演化过程和应力分布特点，并将数值模拟与室内试验的破坏特征进行对比分析。

在组合试样的模拟过程中，颗粒位移矢量代表着该颗粒的位移方向和位移大小，位移方向直接由箭头方向表示，位移大小则是由箭头颜色和粗细程度表示，如图 4-26 所示。对比分析 3 个组合试样的位移矢量图可知，断面尺寸和充填接顶率对组合试样的颗粒位移矢量和裂纹空间分布有显著影响（见图 4-27）。

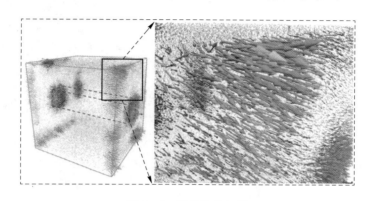

图 4-26 颗粒位移矢量

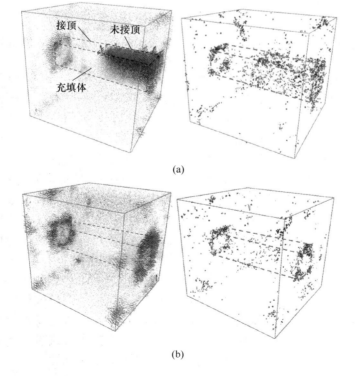

(a)

(b)

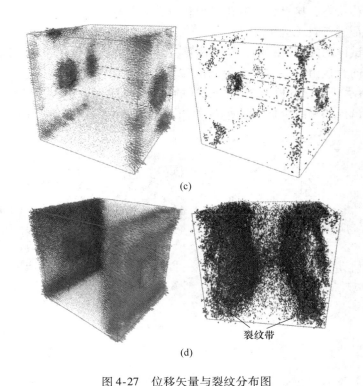

图 4-27　位移矢量与裂纹分布图
（a）R-B-30-50 初期；（b）R-B-30-100 初期；（c）R-B-20-100 初期；（d）R-B-20-100 初期

以 25% 加载峰值应力作为组合试样加载初期，100% 加载峰值应力作为峰值时期，峰值应力跌落至 60% 作为加载后期。基于图 4-27 中组合试样在初期时的位移矢量图和初始裂纹产生位置可知，加载初期组合试样的较大位移处集中出现在充填体的两端位置和充填不接顶位置，产生的原因有三个，一是由于充填体颗粒之间黏结力较小，因此在颗粒受较小力时之间黏结键更容易断裂；二是充填体颗粒在这些区域存在一个自由面，有较大位移空间；三是本试验采用双向加载，断面方向没有荷载作用，因此在两断面处颗粒在此方向上存在较大位移。由此可知，充填体接顶充分减少了充填体颗粒的位移空间，在很大程度上抑制充填体内部颗粒发生移动，从而延缓破坏。对比分析室内试验可知，充填体在掏孔断面处更容易产生破坏，在室内试验中表现为充填体的剥落现象。

随着加载的继续，组合试样的位移矢量图分布情况在峰值前均没有太大变化，但是微裂纹仍不断产生，直到峰后时期，组合试样的颗粒位移矢量主要赋存于 C、D 两面向外的形式。而微裂纹则是在不断发育、贯通连接成为两条主裂纹带，如图 4-27 中组合试样 R-B-20-100 后期图所示，其主裂纹带分布形式与室内试验破坏的主断裂面一致，因此再次佐证本模拟试验的正确性。

在数值模拟试验中，颗粒之间的黏结键断裂并产生裂纹过程，犹如室内试验中试样在加载过程中的损伤破坏产生能量耗散，可以通过声发射和能量耗散进行监测或分析，在上述章节中已经给出分析结果，在此处裂纹的产生位置则如图 4-27 所示。

由于微裂纹在三维空间中的产生分布较为复杂，不适于进行微观分析，为进一步探究组合试样内部裂纹的产生状况，对组合试样进行切片处理，以便观察分析充填体和岩石内部微裂纹分布情况，如图 4-28 所示。

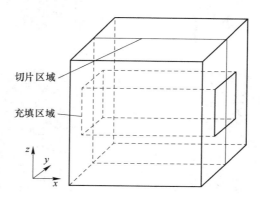

图 4-28 切片处理示意图

由于篇幅有限，仅对 R-B-20-100、R-B-30-50 和 R-B-30-100 3 个组合试样的峰值时期、峰后时期分别进行切片处理，研究在不同采用接顶率和不同断面尺寸条件下颗粒位移规律和裂纹分布规律，如图 4-29 所示。

（1）从图 4-29 中峰值、峰后切片图对比分析可知，过峰值后随着加载的进行，组合试样破坏加剧，表现出峰后时期颗粒位移的影响范围远大于峰值时期，且裂纹数量大量增加，微裂纹贯通连接成一条条裂纹带。

（2）在图 4-29（a）、（e），断面尺寸为 20mm 中，较大位移区域以充填体中心向外扩展形成明显的弧状，并且连接图中的 4 个角落区域；一部分裂纹从角落的较大位移边界出发并向组合试样内部延伸，另一部分裂纹分布在充填体弧状区域的交界处。当断面尺寸为 30mm，以充填体和岩石接触面为中心形成上下两个小弧状较大位移区域，影响范围较小。在图 4-29（c）、（e），充填接顶率为 50%中，未接顶部分的颗粒出现较大位移，影响至左半部分充填体，其余较大位移区域与图 4-29（e）一致；在岩石区域裂纹左右对称分布，不同接顶率下组合试样岩石部分裂纹的分布规律一致，而在充填体区域，裂纹容易集中在充填体与岩石交界处和充填接顶至不接顶的过渡区域。

（3）在图 4-29（b）、（f），充填接顶率为 100%中，断面尺寸为 20mm 组合试样的贯通裂纹带存在 3 条，断面尺寸为 30mm 时存在 4 条，说明断面尺寸越大组

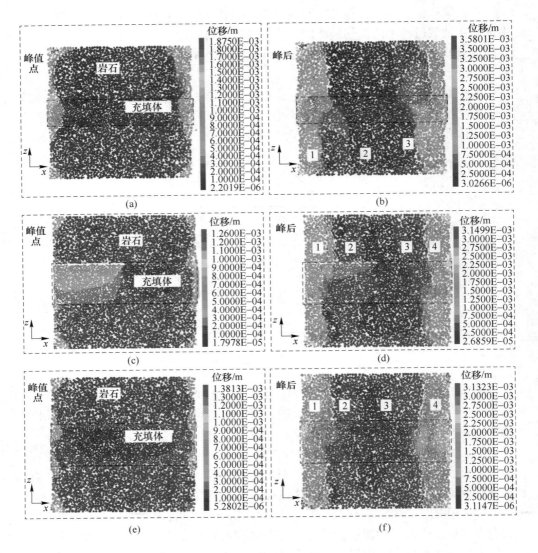

图 4-29 组合试样切片分析

（a）R-B-20-100 峰值；（b）R-B-20-100 峰后；（c）R-B-30-50 峰值；
（d）R-B-30-50 峰后；（e）R-B-30-100 峰值；（f）R-B-30-100 峰后

合试样的破坏程度越高；在图 4-29（d）、（f），断面尺寸为 30mm 中，图 4-29（d）中 1 号、2 号裂纹带处于充填不接顶位置，但是 1 号裂纹带靠近边缘，左边界岩石在压力作用下，产生变形破坏，并与充填体接触，形成完整的裂纹带贯穿充填体，2 号裂纹带介于 1 号裂纹带和充填接顶交界处之间，没能贯通充填体形成完整裂纹带。

4.3.5　应力演化规律

分别对组合试样进行测量球构建和内部应力监测，测量球的布置如图 4-30 所示，以 *xz* 面在组合试样 3 个区域布置 3 组 100×100 的测量球，在相同位置的充填体区域布置 3 组 80×80 的测量球，以 *yz* 面布置 1 组 50×200 的测量球，实时监测组合试样中心位置和前后表面应力。采用 PFC 用户自定义编辑张拉向量功能 UDTensor，将测量球中监测的 *z* 向应力储存在 UDTensor 中，以此做出对应区域应力云图。

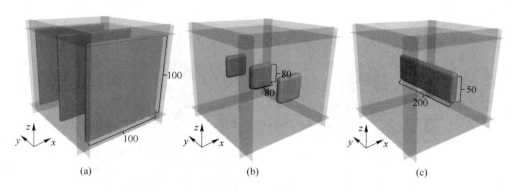

(a)　　　　　　　　　(b)　　　　　　　　　(c)

图 4-30　测量圆布置
（a）组合试样部分；（b）充填体 xz 部分；（c）充填体 yz 部分

以 R-B-20-100、R-B-30-100、R-B-30-50 3 个试样峰值时期的测量结果作为分析对象，在 PFC 数值模拟中力遵循"压负拉正"的基本原理，得到图 4-31 至图 4-33 所示应力云图。

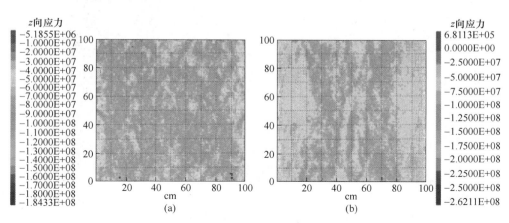

图 4-31　纯岩石应力云图
（a）xz 面；（b）yz 面

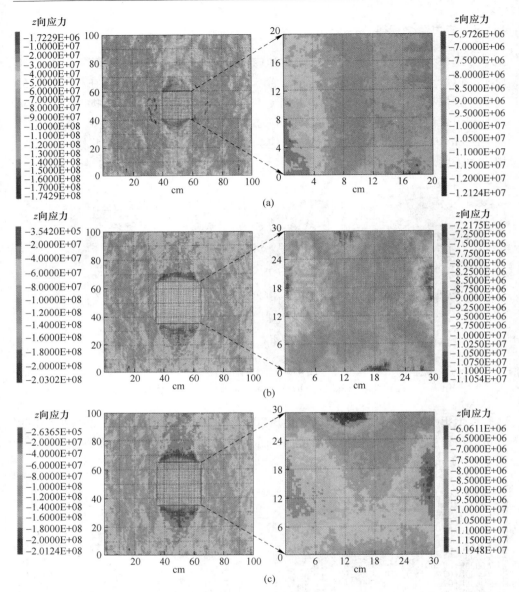

图 4-32　xz 面应力云图

（a）R-B-20-100；（b）R-B-30-100；（c）R-B-30-50

（1）由图 4-31～图 4-33 可知，试样主要为受压状态，纯岩石应力云图的 xz 面分布较均匀，yz 面左右两侧主要呈现拉应力，其余区域为压应力；组合试样的应力云图分布形式主要受断面尺寸和充填接顶率影响。

（2）由图 4-32 可知，组合试样 xz 面的应力云图分布规律基本一致，充填体部分所受压应力远小于岩石部分，从充填体边界位置向上下两端延伸出"三角

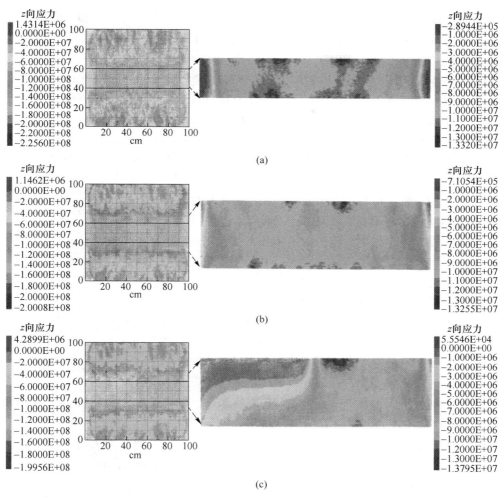

图 4-33 *yz* 面应力云图
（a）R-B-20-100；（b）R-B-30-100；（c）R-B-30-50

形"应力区域，当断面尺寸从 20mm 增大为 30mm，该"三角形"区域也增大；充填体边界外的 4 个角落上产生较大压应力，这与矩形掏孔出现的应力集中现象一致；将充填体区域的应力云图进行细致的监测可知，应力较大位置一般在上下两端，应力较小位置一般分布在左右两端。

（3）由图 4-33 可知，组合试样 *yz* 面应力云图的分布规律基本一致，为较大应力分布在上下岩石区域，而充填体内部的应力云图分布规律差异较大。根据图 4-33（a）、（b）可知，充填体左右端部的压应力较小，在充填体中部与端部之间的压应力较大，断面尺寸从 20mm 增大为 30mm，但其应力较大区域的范围更小。从图 4-33（c）中可以很明显地发现以接顶位置为分界线，将左右两端分开成两种应力分布形式；左端充填不接顶的充填体应力整体较小，在最上面一层为拉应力，往下才转变为压应力，右端应力最大区域的位置分布和图 4-32（b）充填接顶区域的位置一致。

从图 4-33 可以看出，应力集中一般分布在组合试样的岩石与充填体接触界面的外侧 4 个角落上，根据力的相互作用原理，在接触界面的内侧，应该对应出现大小相同、方向相反的力，但是充填体的应力云图并没有对应的应力分布。这是因为岩石颗粒和充填体颗粒之间的黏结强度不一样，在岩石颗粒中能够存在的较大应力，在充填体颗粒中则会让力链发生断裂，使得这部分力做功消失，所以接触界面内外两侧的应力分布规律不一致。

从上述分析中可知，应力云图和裂纹分布规律直接由力链的黏结和断裂控制，如图 4-34 所示。断面尺寸和充填接顶率决定各类力链的数量和分布位置，所以当断面尺寸增大时，充填体区域增大，而充填体颗粒之间的力链较为脆弱，能够承受的力更小，一方面直接表现为试样的强度减小，在应力云图中表现为充填体中应力远小于岩石中应力，另一方面因为力链容易发生断裂，在充填体内产生大量裂纹。当充填接顶率增加时，力链增多，直接使试样强度增加；在接顶与未接顶之间，也容易发生应力集中现象，直接导致该区域的力链发生大量断裂，从而产生大量裂纹，致使试样发生破坏。将试样中裂纹分布规律与应力云图分布规律对比，发现裂纹

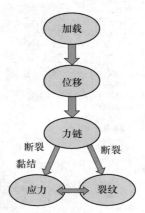

图 4-34　控制关系图

所处区域对应的应力较小，这是因为力链断裂才产生了裂纹，而力链的断裂，使得该部分力消失，从而使得该区域的应力减小，如图 4-35 所示。

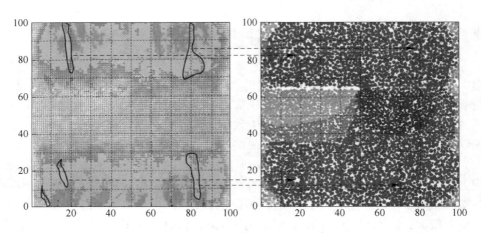

图 4-35　yz 面颗粒位移、裂纹分布及应力云图对比（单位：mm）

4.4 本 章 小 结

采用真三轴力学实验理论分析、声发射监测、数值模拟等研究手段，通过对力学参数和监测系统结果进行分析，探究了试件孔径和充填接顶率对岩石－充填体试件力学性能的影响。主要结论如下：

（1）真三轴条件下，岩石－充填体试件加载失稳破坏过程分为 4 个阶段：裂纹压密阶段Ⅰ、弹性变形至微弹性裂隙稳定发展阶段Ⅱ、非稳定裂隙发展阶段Ⅲ、峰后阶段Ⅳ。试件强度随着孔径的增大而减小，随着充填接顶率的增加而增加。试件主要以拉伸破坏为主，在岩石试件的破坏中，试件 x 方向（左右方向）两端分布着大量平行于这两个面的裂隙，更有裂隙贯通时出现整块剥落现象。

（2）在加载的全过程中，OA 段为试件裂隙压密阶段，产生少量的裂隙，振铃计数次数也相对的少；AB 段为弹性变形阶段，这一阶段振铃计数次数比 OA 阶段也少，起源于是试件在弹性变形阶段产生的裂隙更少；BC 阶段为微裂隙稳定发展阶段，此时的振铃计数次数缓慢增加；CD 段为非稳定裂隙发展阶段，这个阶段内振铃计数次数迅速增加，在其达到峰值应力前最为集中，可作为试件在达到峰值应力的前兆。

（3）岩石试件中存在孔洞，其在孔洞的周边容易产生应力集中现象，为探究充填接顶率对围岩应力分布的影响，采用复变函数保角变换的方法，分析总结出在围岩应力和充填支护力的作用下的分布式。

（4）利用 PFC 模拟平台开展了岩石真三轴压缩模拟试验，对颗粒位移规律、力链分布规律、裂纹演化规律和应力云图等进行研究。得出的主要结论：

1）真三轴压缩条件下，孔径的大小对岩石－充填体组合体试件真三轴强度产生了不同程度的劣化。组合体试件的强度随着孔径的增大而减小，其中孔径越大其强度劣化效果越明显。

2）真三轴压缩条件下，充填接顶率对岩石－充填体组合体试件真三轴强度产生了不同程度的影响。试件强度随着充填接顶率的增大而增大，其中在充填孔径较小时，强度变化不明显，充填孔径较大时，强度变化更为明显。

3）真三轴压缩条件下，岩石试件的裂隙发育程度在应力达到峰值之前，裂隙在试件内部分布均匀，且发育缓慢，在应力达到峰值附近时，试件的裂隙发育剧烈，数量成倍数增长，且集中在孔径周边。

4）剪切裂隙在各个阶段均比张拉裂隙的数量少，在变化趋势上两者保持一致，孔径越大对试件产生的裂隙越多，试件的强度劣化越加严重。

5）从组合试样的较大位移区域分布规律和裂纹演化规律可知，试样的充填体两端位置和充填不接顶位置率先出现破坏；其中断面尺寸越大组合试样的强度与弹性模量越低，内部的裂纹和裂纹带产生得越多，且破坏程度越高。

5　缓倾斜厚大矿体采矿方法
多属性决策优选

5.1　基于模糊数学方法的采矿方法优选原理

采矿方案的选择是一类典型的多目标决策问题。影响采矿方案选择的因素很多，其中很多因素的描述又含模糊性。采矿方法选择所涉及的经济、技术、安全、环境等因素是一个复杂的模糊性大系统，因而，对它的选择也是一种模糊决策。模糊数学法正是基于研究和处理模糊性现象的方法，通过引入模糊集合、隶属函数等，用数学方法定量的描述采矿方法选择的模糊决策问题。

5.1.1　模糊数学在优选采矿方法的特点

影响采矿方法选择的因素很多。如矿岩性质、矿体产状、矿石价值有用成分分布等。这些因素的描述往往是模糊的。模糊数学中所指的模糊现象，是指某些客观事物之间的差异，在中间过渡时所呈现的"不分明性"，这种客观事物之间的"不分明性"，在模糊数学上称之为"模糊约束"或"模糊目标"。如矿体形态、产状、规模、矿岩物理力学性质、矿石价值、水文地质条件、采矿过程中的安全和对地表的影响程度等都具有模糊性。反过来采矿方法不仅对地下资源的回收程度、投资大小、劳动生产率高低和矿石开采成本等主要技术经济指标有影响，而且还影响着工作安全、生产规模、矿石加工的经济效果。因此，采矿方法选择是一个典型的模糊决策问题。

5.1.2　模糊数学优选采矿方法步骤

采用模糊数学的方法进行采矿方法优选首先要确定模糊隶属函数及模糊权重，然后进行采矿方法的初选，选出技术上可行的采矿方法方案集，最后在此基础上，建立采矿方法模糊综合评判表，以优选出满足技术经济最优、安全性最好等条件的采矿方法。

5.1.2.1　模糊隶属函数

在模糊数学中，需要用一个介于 0 与 1 之间的数来反映元素从属于模糊集合的程度，隶属函数就是出于这个目的而建立的。对模糊对象只有确立了切合实际的隶属函数才能应用模糊数学方法进行计算。根据研究对象的不同，隶属函数的确立方法也不同，在矿业工程中，常用线性函数法和二元对比排序法确定隶属函数。

（1）线性函数法。线性函数法是对定量指标模糊概念的一种定量描述方法。用如下公式计算：

$$\gamma_{ij} = f_{ij}/f_{i\max} \tag{5-1}$$

$$\gamma_{ij} = 1 - f_{ij}/f_{i\max} \tag{5-2}$$

式中　γ_{ij}——第 i 种采矿方法 j 指标的隶属度；

　　　f_{ij}——第 i 种采矿方法 j 指标值；

　　$f_{i\max}$——各采矿方法 i 指标的最大值。

式（5-1）适用于那些越大越优的指标，即正指标，如采场生产能力等；式（5-2）适用于那些越小越优的指标，即负指标，如损失率、贫化率等。

（2）二元对比排序法。对那些无法定量描述的指标，如安全性等，往往采用二元对比排序法确定其隶属函数。二元对比排序法又可以分成相对比较法、择优比较法、对比平均法和优先关系法等，本研究采用优先关系法，在此仅对优先关系法的原理做介绍。

设论域 $U = \{u_1, u_2, u_3, \cdots, u_n\}$，以 C_{ij} 表示 u_i 与 u_j 相比时 u_i 的优越程度，则有：

$$C_{ij} = 0$$

表示 u_i 与 u_j 相比无优越性可言；

$$0 \leqslant C_{ij} \leqslant 1$$

表示 C_{ij} 在 $[0, 1]$ 上取值，如果 u_i 比 u_j 绝对优越则 $C_{ij} = 1$，反之 $C_{ij} = 0$；

$$C_{ij} + C_{ji} = 1$$

表示 u_i 对 u_j 的优越性与 u_j 对 u_i 的优越性之和为 1。

由此可得到模糊矩阵

$$\mathbf{C} = [C_{ij}]_{n \times n} \tag{5-3}$$

式（5-3）称为模糊优先关系矩阵。模糊优先关系矩阵确立后再用平均法计算，计算公式为：

$$R(u_i) = \frac{1}{n} \sum_{j=1}^{n} C_{ij} \tag{5-4}$$

在本研究过程中，像贫化率、损失率、生产能力等定量指标的隶属度可由式（5-1）和式（5-2）求得，而安全性等定性指标的隶属度可由式（5-3）和式（5-4）求得。

5.1.2.2　模糊权重

在模糊综合评判中权重已经不是通常统计意义上的权重向量，而起"过滤""限制"的作用，由此可见权重在评判中的重要性。权重也有多种确定方法，本次研究采用几何平均法计算。先将指标两两进行比较，按其重要程度分级赋值见表 5-1。

表 5-1 指标重要程度分级赋值

指标重要程度	$fx_j(x_i)$	$fx_i(x_j)$
x_i、x_j 两因素同等重要	1	1
x_i 比 x_j 稍重要	2	1/2
x_i 比 x_j 较重要	3	1/3
x_i 比 x_j 很重要	4	1/4
x_i 比 x_j 极重要	5	1/5

由此构造判断矩阵 $\boldsymbol{X}$：

$$\boldsymbol{X} = \begin{pmatrix} x_{11} & \cdots & x_{1n} \\ \vdots & \ddots & \vdots \\ x_{n1} & \cdots & x_{nn} \end{pmatrix} \tag{5-5}$$

式（5-5）中，x_{ij} 表示指标 x_i 对指标 x_j 的重要程度，且满足 $x_{ii}=1$，$x_{ij}=1/x_{ji}$（i，$j=1$，2，$\cdots$，n）。构造判断矩阵后，可根据如下公式运算得到权系数，并归一化后组成权矩阵。

$$x_i = \sqrt[n]{\prod_{j=1}^{n} x_{ij}} \quad (i,j = 1,2,\cdots,n) \tag{5-6}$$

5.1.2.3 模糊聚类采矿方法初选

聚类分析是按研究对象在性质上的亲疏关系进行分类的一种多元统计方法，能够反映样本间的内在组合关系。

选择采矿方法时首先要组建一个技术可行方案集，技术可行方案集是在实践中证明可行的，并且与设计矿山开采技术条件相似的一些典型方案。然后将方案集中的矿山和设计矿山的开采技术条件组成一个矩阵，由于不同数据有不同的量纲，为了使不同量纲的数据也能进行比较，需要对数据进行适当的变换，根据模糊矩阵的要求还要将数据压缩到区间 [0,1]。首先进行标准差变换，使每个变量的均值为 0，标准差为 1，并消除量纲，但不一定在区间 [0,1] 上，还要进行极差变换。然后对变换后的数据矩阵进行标定，建立模糊相似矩阵。

标定方法很多，主要有 3 大类：相似系数法、距离法和主观评分法。其中相似系数法包括：数量积法、夹角余弦法、相关系数法、指数相似系数法、最大最小法、算术平均最小法和几何平均最小法。距离法包括：绝对倒数法、绝对值指数法和直接距离法，直接距离法又分海明距离、欧氏距离和切比雪夫距离。以上方法都是数学法，标定方法不同，所建立的模糊相似矩阵相差也很大，对分类结果也有很大影响，为了得到较好的分类结果，最好选用多种标定方法。以上各种方法的计算都可以用计算机运算，尝试多种标定方法很容易实现。

根据标定所建立的相似矩阵一般不满足传递性，因此要用传递闭包法改造成模糊等价矩阵后可以按不同水平人进行分类。由于模糊聚类分析是动态的，对于不同的人可以获得不同的分类。随着人的变化而形成的多种分类对全面了解样本情况是有利的，但实际课题需要选择人，从而给出一个较为明确的分类。在此编写的程序中引用截矩阵检验方法刷掉不够格的类，使分类变得较为清晰。

5.1.2.4　模糊综合评判终选采矿方法

采矿方法初选后，再根据模糊综合评判原理从初选的采矿方法中找出一个最适合待选矿山的采矿方法。首先要推测技术经济指标，计算隶属度。

根据待选矿山开采技术条件对初选的几种采矿方法进行评述，对于定量的指标采用参考相识矿山，结合采矿方法来确定。对于定性的指标采用二元对比排序法确定，根据语气因子查表得出相应定性指标的相对隶属度。然后将定量指标和定性指标的各隶属度组成隶属度矩阵 R_{ij}。

最后用模糊数学综合评判原理，从初选的采矿方案中选择最优采矿方法。采用下式综合评判：

$$B_j = W_i \times R_{ij} \quad (i=1,2,\cdots,n;\ j=1,2,\cdots,m) \tag{5-7}$$

式中　B_j——各方案相对选择率矩阵；

　　　W_i——各指标权矩阵；

　　　R_{ij}——模糊关系隶属度矩阵。

在充分了解山东黄金矿业（莱州）有限公司焦家金矿开采技术条件的基础上，通过模糊数学选择合适的采矿方法。

5.2　缓倾斜厚大矿体采矿方法初选

5.2.1　采矿方法选择基本要求

采矿方法选择应满足下列基本要求[12-14]：

（1）安全：有安全的作业条件，如通风防尘措施，合适的温度和湿度，实现机械化等。

（2）矿石贫化率小：一般要求 15%~40% 以下。

（3）矿石回收率高：一般要求 80%~85% 以上。

（4）生产效率高：生产能力大，劳动生产率高的方法。

（5）经济效益好：主要是指矿山生产成本的高低和盈利水平。

（6）遵守有关法律法规的要求。

5.2.2　采矿方法选择考虑的主要因素

影响采矿方法选择的主要因素包括：矿床地质条件和开采技术经济条件。

矿床地质条件是影响采矿方法选择的基本因素，一般包括：矿石和围岩的物理力学性质；矿体产状（主要指倾角，厚度和形状等）；矿石品位及价值；矿体内有用成分的分布及围岩矿物成分；矿体赋存深度；矿石和围岩的自燃性与结块性。

开采技术经济条件包括：地表是否允许陷落；加工部门对矿石质量的技术要求；技术装备和材料供应；采矿方法所要求的技术管理水平等。

5.2.3 类似矿山开采技术条件及采矿方法

国内典型矿山的开采技术条件及所采用的采矿方法技术参数如下。

（1）铜山铜矿缓倾斜厚大矿体分段空场嗣后充填法采矿。

1）地质概况。前山 84 号矿体赋存于 +57 线，−214m 水平，走向 NNW，倾向 SW，倾角为 15°~30°，局部有反倾。矿石以含铜黄铁矿为主，其次为含铜磁铁矿、含铜闪长岩及含铜矽卡岩等，矿石品位为 1.2% 左右，矿体沿走向长度约为 120m，厚度为 25~30m，矿石结构致密，$f=8~12$。矿体顶板为单硫燧石黄铁矿，蚀变严重，溶洞、裂隙发育，质脆易碎，稳定性较差，常因地下水含有 $CuSO_4$ 晶体析出。矿体底板为五通组石英岩和蚀变闪长岩，五通组石英岩层理、节理、裂隙均发育，闪长岩易风化、膨胀，稳定性差。该矿体含硫较高，存在氧化、结块、自燃和自爆等特性。

2）采矿方法。试验矿块布置在 −127~−80m 中段，矿块走向长度为 72m，分矿房和矿柱两部分，矿房宽度为 16m，矿柱宽度为 8m，中段高度为 40m 左右，分段高度为 8~13m，底柱高度为 6~7m，顶柱高度为 4m。矿块内每 12m 垂直矿体走向布置一条规格为 2.0m×2.0m 的电耙巷道，电耙巷道两侧交错布置规格为 2.0m×2.0m 的人行天井分别与各分段巷道相通，分段凿岩巷道规格为 2.8m×2.8m，矿块内设有溜矿井，溜矿井规格为 2.0m×2.0m。矿块回采顺序为从一侧向另一侧推进，先采矿柱后采矿房，矿柱采用胶结充填，矿房采用分级尾砂充填。凿岩采用 YGZ-90 型中深孔凿岩机，上向扇形炮孔，炮孔直径为 65mm，在矿体的一端拉切割槽，爆破回采时从切割槽开始后退式回采，上下分段同时爆破落矿。采场爆破落矿后，新鲜风流从下部中段运输巷道经电耙巷道进入采场爆堆，污风流从上部采切工程经上中段运输巷道排出。采场矿石从底部电耙出矿巷道中装入矿车运到采场溜矿井集中出矿。矿柱回采结束后，采用胶结充填方式充填采空区，充填体强度控制在 3.5~4.0MPa，为节约成本，矿房采用分级尾砂充填采空区，矿房充填体要求达到基本接顶即可。

（2）和睦山铁矿缓倾斜厚大矿体上向进路充填采矿法开采。

1）地质概况。和睦山铁矿后观音山矿段有相当数量的倾斜中厚至厚矿体，倾角 20°~30°，厚度 10~33m，平均厚度 23m。顶板主要岩性为灰岩、砂岩、页岩，此类缓倾斜厚矿体是国内外公认的复杂难采矿体。

2）采矿方法。采准工程包括斜坡道、分段巷道及分层联络道、溜矿井和充填回风井及切割横巷等。从采准斜坡道向矿体开掘联络道与分段巷道连通,每分段巷道负担下、中、上3个分层的回采,分段高度为9m,分层采高为3m。分段联络道按照设计坡度施工,规格与分段巷道相同。自分段联络道末端掘进脉内分层联络巷,自分层联络巷布置进路进行回采,分层联络巷为3.5m×3m,进路规格为4.0m×3.0m,每个采场布置2个溜矿井,溜矿井规格ϕ2.0m;每个采场在分层联络巷端部布置1~2个泄水井,泄水井规格ϕ1.0m,泄水井与−200m大巷连通。

炮孔深度3m,炮孔直径48mm。进路回采属于掘进式回采,炮孔布置与平巷掘进布孔方式基本相同,采用楔形掏槽方式首先形成爆破自由面,掏槽眼由4个炮孔组成,炮孔排距0.5m,炮孔与工作面夹角为85°,孔底保持0.1~0.2m的距离。辅助眼13个,间距取0.6~0.9m;周边眼24个,间距取0.7m,周边眼距进路轮廓线取0.2m。掏槽眼深3.2m,底眼深3.2m,其余孔深3.0m。合计孔深123.8m,凿岩台车实际综合穿孔速度为0.7m/min,纯穿孔时间177min。

(3) 江西金山金矿缓倾斜厚矿体上向水平分层充填采矿法开采。

1) 地质概况。金山矿床含金石英脉型金矿体主要产在蚀变超糜棱岩型金矿体当中,平均水平厚度为22m;走向北西−南东,倾向北东,矿体倾角为20°~30°。矿区断层多但规模不大,矿体及其顶、底板围岩属中等坚硬,完整性和稳固性较好的层状岩体。矿区水文地质条件属简单类型。

2) 采矿方法。根据上述矿床开采技术条件,采用上向水平分层充填采矿法,把矿体划分为一个盘区,长度约150m,整个盘区划分为7个矿块。矿体倾向水平长度约100m,每个矿块宽度为20m。每个分段服务3个分层即分段巷道垂直高度为10.0m,抵抗线为0.6~0.7m,眼距为1.4~1.6m,眼深3.0~3.5m,每层眼之间交叉布置;采场顶部采成拱形,采用预留空孔的光面爆破方法。

综上,国内目前开采缓倾斜厚大矿体主要方法有:分段空场嗣后充填采矿法、上向进路充填采矿法、上向分层充填采矿法。结合焦家金矿的特殊地理条件,矿体赋存在断裂带的上盘,井下涌水量较小,本次开采设计拟选用上向分层胶结充填法开采。通过模糊数学与上述几种开采缓倾斜厚大矿体常用采矿方法进行比较 (见表5-2),综合评判。

表5-2　根据矿岩稳固性、矿体厚度和倾角可选用的充填采矿法

矿体倾角	矿体厚度	矿岩稳固性			
		矿石稳固围岩稳固	矿石稳固围岩不稳固	矿石不稳固围岩稳固	矿石不稳固围岩不稳固
缓倾斜	薄−极薄	分层充填采矿法	垂直分条充填法	垂直分条充填法	垂直分条充填法
	中厚	分层充填采矿法、分段空场嗣后充填法、阶段空场嗣后充填法	分层充填采矿法	进路充填采矿法、垂直分条充填法	垂直分条充填法

矿体倾角	矿体厚度	矿 岩 稳 固 性			
		矿石稳固 围岩稳固	矿石稳固 围岩不稳固	矿石不稳固 围岩稳固	矿石不稳固 围岩不稳固
缓倾斜	厚－极厚	分层充填采矿法、分段空场嗣后充填法、阶段空场嗣后充填法	分层充填采矿法	进路充填采矿法	分层充填采矿法、进路充填采矿法
倾斜	薄－极薄	浅孔留矿嗣后充填法	垂直分条充填法、分层充填采矿法	进路充填采矿法	进路充填采矿法、分层充填采矿法
	中厚	分段空场嗣后充填法	分层充填采矿法、分段空场嗣后充填法	进路充填采矿法	分层充填采矿法、进路充填采矿法
	厚－极厚	阶段空场嗣后充填法	分层充填采矿法、分段空场嗣后充填法	进路充填采矿法、分层充填采矿法	进路充填采矿法、分层充填采矿法

5.2.4 初选采矿方案经济技术指标

根据上述所选矿山的开采技术条件及所用采矿方法并结合此次试验矿山的具体情况，得出初选采矿方法经济技术指标见表 5-3。

表 5-3 初选采矿方案经济技术指标

经济技术指标	上向分层胶结充填采矿法	分段空场嗣后充填采矿法	上向水平进路充填采矿法
采场生产能力/t·d^{-1}	195	270	135
损失率/%	7	10	5
贫化率/%	7	10	5
吨矿成本/元·t^{-1}	40.43	30.32	63.69
脉内千吨采切比/m·kt^{-1}	23.17	10	18.35
采矿工效	较好	好	较差
安全程度	较好	较差	好
通风条件	好	较好	较差
熟悉程度	好	较好	较好
劳动强度	较差	较差	较差
适应程度	好	较差	较好

5.3　采矿方法模糊综合评判法优选

5.3.1　模糊权重的确定

采用模糊数学综合评判法优选采矿方案[15]，首先要求得的是模糊权重。

5.3.1.1　模糊判断指标的选取

采矿方法选择除了适应矿床地质赋存条件确保生产安全以外，应尽可能提高经济效益和社会效益。因此选择采矿方法必须考虑很多指标和因素，而这些指标和因素的影响程度有大有小，为了能准确地表现出其影响程度，必须为其加权。在此考虑的因素有以下几类：

正指标：生产能力 E；

负指标：采矿成本 A、采切比 B、损失率 C 和贫化率 D；

定性指标：采矿工效 F、安全程度 G、通风条件 H、生产管理熟悉程度 I、劳动强度 J 和对矿体变化的适应程度 K 等。

5.3.1.2　模糊判断指标层次法确定

权重合理与否对选择结果有很大影响，为了使权重更为合理，除了请专家对其上各因素根据对各个指标的重要程度分级赋值外，本次研究还采用层次法确定权重。层次结构表见表5-4。

表 5-4　权重指标层次结构表

评价指标	经济因素 B_1	资源利用率 B_2	劳动生产率 B_3	安全因素 B_4	合理程度 B_5
采矿成本 A	●				
采切比 B	●				●
损失率 C	●	●			
贫化率 D	●	●			
生产能力 E			●		
采矿工效 F			●		
安全程度 G				●	●
通风条件 H				●	
生产管理熟悉程度 I			●		●
劳动强度 J				●	●
适应程度 K		●			●

从表5-4中可知，本次采矿方法优选中，我们将上文中所选取的 11 个指标归为经济因素、资源利用率、劳动生产率、安全因素、合理程度 5 大类，分别用

符号 B_1、B_2、B_3、B_4、B_5 表示。即构成指标权重矩阵 $\boldsymbol{B} = (B_1, B_2, B_3, B_4, B_5)$。

5.3.1.3 模糊判断矩阵的确定

采用德菲尔专家打分法分别对第一层指标整体求判断矩阵，并且对第二层指标，即经济因素 B_1、资源利用率 B_2、劳动生产率 B_3、安全因素 B_4 和合理程度 B_5 的重要程度分级分别打分。最终求得相应因素对应判断矩阵见表 5-5 ~ 表 5-10。

表 5-5　一层指标判断矩阵

重要程度	B_1	B_2	B_3	B_4	B_5
B_1	1	1	2	3	3
B_2	1	1	2	3	3
B_3	1/2	1/2	1	2	2
B_4	1/3	1/3	1/2	1	1
B_5	1/3	1/3	1/2	1	1

表 5-6　二层指标（经济因素 B_1）判断矩阵

重要程度	A	B	C	D
A	1	4	2	3
B	1/4	1	1/3	1/2
C	1/2	3	1	2
D	1/3	2	1/2	1

表 5-7　二层指标（资源利用率 B_2）判断矩阵

重要程度	C	D	K
C	1	2	4
D	1/2	1	3
K	1/4	1/3	1

表 5-8　二层指标（劳动生产率 B_3）判断矩阵

重要程度	E	F	I
E	1	3	4
F	1/3	1	2
I	1/4	1/2	1

表5-9　二层指标（安全因素 B_4）判断矩阵

重要程度	G	H	J
G	1	2	3
H	1/2	1	3
J	1/3	1/3	1

表5-10　二层指标（合理程度 B_5）判断矩阵

重要程度	B	G	I	J	K
B	1	1/4	2	1	1
G	4	1	5	4	4
I	1/2	1/5	1	1/2	1/2
J	1	1/4	2	1	1
K	1	1/4	2	1	1

5.3.1.4　模糊权重矩阵的确定

各指标的判断矩阵统计好后，就可以求其权重矩阵，结果见表5-11。首先分别求得一层、二层指标的权重矩阵，在此基础上最后得到我们所需要的采矿方法优选模糊矩阵。

表5-11　一层指标权重计算结果

指标	B_1	B_2	B_3	B_4	B_5
权重	0.3158	0.3158	0.1579	0.1053	0.1053

为使判断结果更好地与实际状况相吻合，需进行一致性检验。判断矩阵的一致性检验公式为 $C_R = C_I/R_I$。其中：C_I 为一致性检验指标，$C_I = (\lambda_{max} - n)/(n-1)$；$n$ 为判断矩阵的阶数。经验证此时 $C_R = 0.00297 < 0.1$，可知该判断矩阵满足一致性检验要求，此权重值可接受，最终计算的二层指标权重结果见表5-12。

表5-12　二层指标权重计算结果

B_1		B_2		B_3		B_4		B_5	
指标	权重	指标	权重	指标	权重	指标	权重	指标	权重
A	0.4800	C	0.5714	E	0.6316	G	0.5455	B	0.1333
B	0.1200	D	0.2857	F	0.2105	H	0.2727	G	0.5333
C	0.2400	K	0.1429	I	0.1579	J	0.1818	I	0.0667
D	0.1600							J	0.1333
								K	0.1333

得最终的权重矩阵为:

$$W = (WA, WB, WC, WD, WE, WF, WG, WH, WI, WJ, WK)$$

$W = (0.1516, 0.0519, 0.1755, 0.0838, 0.0574, 0.0287, 0.2366, 0.0902, 0.0070, 0.0592, 0.0581)$, 经一致性检验, 此权重值亦可接受。

5.3.2 模糊隶属度的确定

由前文可知, 对于采矿成本、采切比、损失率、贫化率、生产能力这些定量指标, 其隶属度的计算可按线性函数法求出。生产能力是越大越优的指标, 属正指标, 采用式 (5-1) 计算。

采矿成本、采切比、损失率和贫化率对矿山采矿而言是反映采矿方法优劣的评判指标, 在定量指标计算中属于负指标, 即属于越小越优的指标值, 因此采用式 (5-2) 进行方案隶属度值的计算。在此设定上向水平分层胶结充填采矿法、分段空场嗣后充填采矿法、上向水平进路充填采矿法编号分别为方案Ⅰ、方案Ⅱ、方案Ⅲ, 见表 5-13。

表 5-13 采矿方法选择定量指标各方案隶属度值

指 标	方案Ⅰ	方案Ⅱ	方案Ⅲ
采场生产能力	0.7222	1.0000	0.5000
损失率	0.3000	0.0000	0.5000
贫化率	0.3000	0.0000	0.5000
采矿成本	0.3652	0.5239	0.0000
脉内千吨采切比	0.0000	0.5684	0.2080

至于采矿工效、安全程度、通风条件、熟悉程度、劳动强度及适应程度等定性指标, 目前尚无法对其定量, 必须先对其赋以模糊定量值, 为了克服赋值的片面性及随意性, 采用二元对比排序法确定其隶属度。最终确定最终的权重及隶属度值综合评判, 分析对应优缺性。

设系统待进行重要性比较的目标因素为:

$$X = \{X_1, X_2, X_3, X_4, X_5, X_6\}$$

对应 {采矿工效, 安全程度, 通风条件, 熟悉程度, 劳动强度, 适应程度}。就目标因素集 X 中的因素的重要性进行二元对比的定性排列, 目标集中的目标 X_K 与 X_L 作二元对比, 若 X_K 比 X_L 重要, 则令排序标度 $e_{kl} = 1$, $e_{lk} = 0$; 若 X_K 与 X_L 同样重要, 则令 $e_{kl} = 0.5$, $e_{lk} = 0.5$; 若 X_L 比 X_K 重要, 则令 $e_{kl} = 0$, $e_{lk} = 1 (k, l = 1, 2, \cdots, m)$。

将此矩阵按行排序, 根据排序查语气算子与定量标度表 (见表 5-14), 可得到非定量指标的隶属度。

表 5-14　语气算子与定量标度相对隶属度关系表

语气算子	定量标度	相对隶属度
同样	0.500 ~ 0.525	1.000 ~ 0.905
稍稍	0.550 ~ 0.575	0.818 ~ 0.739
略为	0.600 ~ 0.625	0.667 ~ 0.600
较为	0.650 ~ 0.675	0.538 ~ 0.481
明显	0.700 ~ 0.725	0.429 ~ 0.379
显著	0.750 ~ 0.775	0.333 ~ 0.290
十分	0.800 ~ 0.825	0.250 ~ 0.212
非常	0.850 ~ 0.875	0.176 ~ 0.143
极其	0.900 ~ 0.925	0.111 ~ 0.081
极端	0.950 ~ 0.975	0.053 ~ 0.026
无可比拟	1.000	0

根据各采矿方法采矿工效的特点，得特征向量矩阵为：$e_6 = \begin{bmatrix} 0.5 & 0 & 1 \\ 1 & 0.5 & 1 \\ 0 & 0 & 0.5 \end{bmatrix}$。

则隶属度矩阵为 $e_6 = \begin{bmatrix} 0.818 & 1.000 & 0.667 \end{bmatrix}$。

根据各方案的安全程度，得特征向量矩阵为：$e_7 = \begin{bmatrix} 0.5 & 1 & 0 \\ 0 & 0.5 & 0 \\ 1 & 1 & 0.5 \end{bmatrix}$。

则隶属度矩阵为 $e_7 = \begin{bmatrix} 0.818 & 0.667 & 1.000 \end{bmatrix}$。

根据各方案的通风条件，得特征向量矩阵为：$e_8 = \begin{bmatrix} 0.5 & 1 & 1 \\ 0 & 0.5 & 1 \\ 0 & 0 & 0.5 \end{bmatrix}$。

则隶属度矩阵为 $e_8 = \begin{bmatrix} 1.000 & 0.818 & 0.667 \end{bmatrix}$。

根据各方案的熟悉程度，得特征向量矩阵为：$e_9 = \begin{bmatrix} 0.5 & 1 & 1 \\ 0 & 0.5 & 0.5 \\ 0 & 0.5 & 0.5 \end{bmatrix}$。

则隶属度矩阵为 $e_9 = \begin{bmatrix} 1.000 & 0.818 & 0.818 \end{bmatrix}$。

根据各方案的劳动强度，得特征向量矩阵为：$e_{10} = \begin{bmatrix} 0.5 & 0.5 & 0.5 \\ 0.5 & 0.5 & 0.5 \\ 0.5 & 0.5 & 0.5 \end{bmatrix}$。

则隶属度矩阵为 $e_{10} = \begin{bmatrix} 0.667 & 0.667 & 0.667 \end{bmatrix}$。

根据各方案的适应程度，得特征向量矩阵为：$e_{11} = \begin{bmatrix} 0.5 & 1 & 1 \\ 0 & 0.5 & 0 \\ 0 & 1 & 0.5 \end{bmatrix}$。

则隶属度矩阵为 $e_{11} = \begin{bmatrix} 1.000 & 0.667 & 0.818 \end{bmatrix}$。

通过语气算子与定量标度的相对隶属度关系，最终计算上述定性指标的特征向量矩阵。最终求得包括：采矿工效、安全程度、通风条件、管理难度、劳动强度及适应程度 6 个定性指标的隶属度矩阵，得到 3 个方案对应定性指标隶属度值结果见表 5-15。

表 5-15　定性指标各方案隶属度值

指　标	方案 I	方案 II	方案 III
采矿工效	0.818	1.000	0.667
安全程度	0.818	0.667	1.000
通风条件	1.000	0.818	0.667
管理难度	1.000	0.818	0.818
劳动强度	0.667	0.667	0.667
适应程度	1.000	0.667	0.818

5.3.3　采矿方法模糊综合评判优选

在模糊判断矩阵和模糊权重矩阵的基础上，用模糊综合评判进行采矿方案的优选，最终得到 3 种采矿方案的综合评判结果见表 5-16。

表 5-16　模糊综合评判结果表

指标	判断权重	方案 I	方案 II	方案 III
A	0.1516	0.7222	1.0000	0.5000
B	0.0519	0.3000	0.0000	0.5000
C	0.1755	0.3000	0.0000	0.5000
D	0.0838	0.3652	0.5239	0.0000
E	0.0574	0.0000	0.5684	0.2080
F	0.0287	0.818	1.000	0.667
G	0.2366	0.818	0.667	1.000
H	0.0902	1.000	0.818	0.667
I	0.0070	1.000	0.818	0.818
J	0.0592	0.667	0.667	0.667
K	0.0581	1.000	0.667	0.818
评判结果		0.6201	0.5724	0.6101

根据模糊数学综合评判原理，评判结果值越大的采矿方法方案越优，通过综合评价和计算，待选 3 种采矿方法的评判结果值由高到低排列为：上向分层胶结充填采矿法、上向水平进路充填采矿法、分段空场嗣后充填采矿法。其评判值分别为：0.6201、0.6101、0.5724。

5.4　缓倾斜厚大矿体采矿方法优选

缓倾斜厚大矿体在我国地下黄金开采中占有较大比重。而类似赋存条件的金矿品位往往较高，如何实现安全高效开采就显得意义重大。多年来，这类矿体的采矿方法一直困扰着许多矿山，主要在于这类矿体的开采难度极大，采矿方法选取不当极有可能导致矿石贫化严重，影响矿山的经济效益。正确确定采矿方案，是矿山企业设计和生产中必须解决的重要问题，是矿床开采成败的核心。就目前而言，采矿方法选择主要采用经验类比法和盈利分析法，而经实践证明，这样的分析方法普遍存在较大的片面性和主观性，科学性不强等缺点。近些年来，随着统计分析法、模糊数学法及灰色关联度等数值决策方法的不断发展，其应用已由原先经济、化学及生物等领域逐渐扩展到土建、地质及采矿等工程领域。曹帅和徐文彬等利用层次分析法对两种不同赋存条件的矿体采矿方法进行了优选；谭玉叶等利用模糊聚类和层次分析法优选了武钢程潮铁矿的采矿方法；申艳梅等利用模糊聚类分析法进行了围岩支护技术的综合评判；杨相如、朱国辉应用模糊数学进行了采矿方法及矿柱回采优选的研究工作。国内其他学者就模糊数学也做了大量的研究工作，虽取得一定成效，但仍存在不足。主要表现在指标权重确定的研究方法比较单一，增大了分析问题的主观性，降低了分析结果可靠性。本文以山东黄金矿业（莱州）有限公司焦家金矿为研究背景，结合 TOPSIS 法（逼近理想解法）和灰色关联度理论二者各自的优势，最终确定出适合开采缓倾斜厚大矿体的理想采矿方案。

5.4.1　灰色关联度 TOPSIS 法模型构建

5.4.1.1　TOPSIS 法

TOPSIS 又称逼近理想解法，通过构造多指标问题的理想解和负理想解，并以靠近理想解和远离负理想解两个基准作为评价各对象的判断依据。由于该方法使用灵活简便，被广泛应用于企业筹资、投资决策、物流管理及环境评价等领域。其计算过程如下：

（1）设有 m 个目标（有限个目标），n 个属性，专家对其中第 i 个目标的第 j 个属性的评估值为 x_{ij}，得初始判断矩阵 $\boldsymbol{V} = (v_{ij})_{m \times n}$；

（2）由于构成初始矩阵中的各个指标量纲可能不同，需要对初始矩阵进行归一化处理然后得到标准矩阵 $\boldsymbol{Y} = (y_{ij})_{m \times n}$。其中：

$$y_{ij} = x_{ij} \Big/ \sqrt{\sum_{i=1}^{m} x_{ij}^2} \quad (i = 1, 2, \cdots, m) \tag{5-8}$$

式中 y_{ij}——标准矩阵元素；

$\quad\quad x_{ij}$——第 i 个目标的第 j 个属性的评估值。

（3）根据 DELPHI 法获取专家群体对指标属性的信息权重矩阵 $\boldsymbol{B}$，所构成得到的综合加权判断矩阵为 $\boldsymbol{Z} = YB = (y_{ij}\omega_j)_{m \times n}$。

（4）确定正理想解和负理想解。

正、负理想解：

$$\begin{cases} z_j^+ = \begin{cases} \max(z_{ij}), j \in J^+ \\ \min(z_{ij}), j \in J^- \end{cases} \\ z_j^- = \begin{cases} \min(z_{ij}), j \in J^+ \\ \max(z_{ij}), j \in J^- \end{cases} \end{cases} \quad (j = 1, 2, \cdots, n) \tag{5-9}$$

式中 J^+——效益型指标，即越大越优的指标集合；

$\quad\quad J^-$——成本型指标，即越小越优的指标集合。

（5）正、负理想解欧氏距离计算。

正、负理想解欧氏距离：

$$\begin{cases} S_i^+ = \sqrt{\sum_{j=1}^{m} (z_{ij} - z_j^+)^2} \\ S_i^- = \sqrt{\sum_{j=1}^{m} (z_{ij} - z_j^-)^2} \end{cases} \quad (j = 1, 2, \cdots, n) \tag{5-10}$$

式中 S_i^+——正理想解欧氏距离；

$\quad\quad S_i^-$——负理想解欧氏距离。

（6）方案集相对贴近度计算。

$$C_i^+ = S_i^- / (S_i^+ + S_i^-), \quad C_k^i = \frac{j_k^i - j_{k1}}{j_{k2} - j_k^i} \tag{5-11}$$

式中 C_i^+——相对贴近度。

（7）依据相近贴近度值的大小对方案进行排序，相对贴近度越大则对应方案越优。

5.4.1.2 灰色关联度法

灰色关联度是一种多因素统计分析方法，是以各因素的样本数据为依据用灰色关联度来描述因素间关系的强弱、大小和次序的，若样本数据列反映出两因素变化的态势基本一致，则二者之间的关联度较大，反之，关联度较小。相比传统的相关、回归等多因素分析方法，灰色关联度对数据要求较低且计算量较小，因此该方法已被应用于社会及自然等各个科学领域。其计算过程如下：

（1）确定最优指标集。设 Y 为多目标决策域集合，$Y = \{Y_1, Y_2, \cdots, Y_m\}$，$Y_i$ 为待选采矿方案名称，同时设 X 为指标要素集合 $X = \{X_1, X_2, \cdots, X_m\}$，$X_i$ 为函数对应指标。设定指标因素的权向量 $W = \{W_1, W_2, \cdots, W_m\}$，且满足 $W_i > 0$，且权值和为1；根据指标因素相对优化原则，选取各指标的相对最佳值，构成正理想指标集；同时选取各指标因素的相对最差值作为负理想指标集。

（2）指标归一化。鉴于各经济技术评判指标间通常具有不同量纲，因此不能直接进行比较，为保证结果可靠性，需要对原始指标进行归一化处理。设第 k 个指标的变化区间为 $[j_{k1}, j_{k2}]$，则可以用下式将上式中的原始数值变成无量纲值 C_k^i。

$$C_k^i = \frac{j_k^i - j_{k1}}{j_{k2} - j_k^i} \quad (i = 1, 2, \cdots, m; \; k = 1, 2, \cdots, n) \tag{5-12}$$

式中　C_k^i——指标归一化后无量纲值；

　　　j_{k1}——第 k 个指标在所有被评价对象中的最小值；

　　　j_{k2}——第 k 个指标在所有被评价对象中的最大值。

（3）关联系数及灰色关联度计算。

正、负理想方案关联系数：

$$\begin{cases} \xi_{ij}(k)^+ = \dfrac{A + \rho B}{\Delta_i(k) + \rho B} \\[3mm] \xi_{ij}(k)^- = \dfrac{A + \rho B}{\Delta_i(k) + \rho B} \end{cases} \quad (j = 1, 2, \cdots, n) \tag{5-13}$$

式中，令 $\Delta_i(k) = |C_k^+ - C_k^i|$，$A = \min\limits_i \min\limits_k |C_k^+ - C_k^i|$，$B = \max\limits_i \max\limits_k |C_k^+ - C_k^i|$，$\rho \in (0, 1)$，一般取 $\rho = 0.5$。引进权向量得正、负理想方案灰色关联度：

$$\begin{cases} R_i^+ = \sum\limits_{j=1}^n (W_j \xi_{ij}(k)^+) \\[3mm] R_i^- = \sum\limits_{j=1}^n (W_j \xi_{ij}(k)^-) \end{cases} \quad (i = 1, 2, \cdots, m) \tag{5-14}$$

式中　　　　　R_i^+——正理想方案的灰色关联度；

　　　　　　　R_i^-——负理想方案的灰色关联度；

　　　　　　　W_j——权向量指标；

$\xi_{ij}(k)^+$，$\xi_{ij}(k)^-$——对应正、负理想解方案的关联系数。

（4）依据正理想方案关联度大小进行排序。

5.4.1.3　耦合灰色关联度 TOPSIS 法模型构建

TOPSIS 法能充分利用原始数据的信息，反映各方案之间的差距、客观真实地反映实际情况，具有真实、直观、可靠的优点。但是该方法在反映方案数据曲线之间态势变化或形状相似性方面存在一定的缺陷；而灰色关联度又正好可以反映方案数据曲线之间态势变化。鉴于此，将上述二者结合起来构建一种新的评价尺度能更确切地描述待评测样本与理想样本之间的贴近程度，并以此对样本优劣进行排序，提供样本决策依据。利用此方法进行的决策方案计算步骤如下：

（1）指标权重确定。在指标权重确定过程中，为较为客观地反映决策指标的重要性仅仅使用主观赋权值确定实际指标权重主观性较差，不能反映实际中的真实情况。因此决定采用主观赋权值和熵值法对决策指标进行组合赋权，具体组合赋权公式为：

$$w_j = \frac{\alpha_j \times \beta_j}{\sum_{j=1}^{n} \alpha_j \times \beta_j} \quad (j = 1, 2, \cdots, m) \tag{5-15}$$

式中　α_j，β_j——利用主观赋权法和熵值法确定的第 j 个指标的权重；

$\quad\quad\ w_j$——第 j 个指标的组合权重值。

（2）决策矩阵向量归一化进行标准化处理。

（3）计算加权标准化判断矩阵 $\boldsymbol{V}$。

（4）确定正理想解 Z_0^+ 和负理想解 Z_0^-。

（5）计算方案正理想解和负理想解之间的距离 S_i^+ 和 S_i^- 及灰色关联度 R_i^+ 和 R_i^-，并进行无量纲化处理，计算公式为：

$$n_i = \frac{N_i}{\max\limits_{1 \leqslant i \leqslant m}(N_i)} \quad (i = 1, 2, \cdots, m) \tag{5-16}$$

式中，N_i 分别代表 S_i^+、S_i^-、R_i^+、R_i^-。

（6）合并无量纲化欧氏距离和关联度，合并公式可确定为：

$$\begin{cases} T_i^+ = \theta_1 S_i^- + \theta_2 R_i^+ \\ T_i^- = \theta_1 S_i^+ + \theta_2 R_i^- \end{cases} \quad (i = 1, 2, \cdots, m) \tag{5-17}$$

式中　T_i^+，T_i^-——样本与正负理想解的接近程度；

$\quad\quad\ \theta_1$，θ_2——决策者对相对位置和形状的偏好程度，且满足 $\theta_1 + \theta_2 = 1$。

（7）计算相对贴近度。新的贴近度结合了欧氏距离和灰色关联度，更准确地反映待评样本与正负理想解在态势变化上的接近程度，相对贴近度公式为：

$$\delta_i = T_i^- / (T_i^+ + T_i^-) \quad (i = 1, 2, \cdots, m) \tag{5-18}$$

式中　δ_i——新的相对贴近度。

（8）相对贴近度排序。根据上述计算所得相对贴近度值并对其进行排序，贴近度值越大，反映其与正理想解越接近，方案越优。

5.4.2　采矿方法经济技术评价指标确定

根据焦家金矿的开采技术条件，结合国内外开采类似赋存条件矿体的采矿方法，选定分段空场嗣后充填采矿法（1）、上向水平分层充填采矿法（2）、上向进路充填采矿法（3）作为初始待选方案集。采矿方法选择除了适应矿床地质赋存条件确保生产安全以外，应尽可能地提高经济效益和社会效益。因此选择采矿方法必须考虑很多指标和因素，而这些指标和因素的影响程度有大有小，为了能准确地表现出其影响程度，须对其进行加权计算。在此考虑的因素有 2 类。定量指标：采矿成本 A、采切比 B、损失率 C、贫化率 D 和生产能力 E；定性指标：采矿工效 F、安全程度 G、通风条件 H、生产管理熟悉程度 I、劳动强度 J 和对矿体变化的适应程度 K 等，具体评判经济技术指标见表 5-17。

表 5-17　待选采矿方案经济技术指标

经济技术指标	1	2	3
$A/\text{元} \cdot t^{-1}$	30	64	41
$B/m \cdot kt^{-1}$	10	18	23
$C/\%$	10	7	5
$D/\%$	10	5	7
$E/t \cdot d^{-1}$	270	135	195
F	0.78	0.33	0.56
G	0.33	0.78	0.56
H	0.56	0.33	0.78
I	0.56	0.56	0.78
J	0.56	0.33	0.33
K	0.33	0.56	0.78

5.4.3　耦合灰色关联 TOPSIS 法采矿方案决策

（1）指标权重确定。利用极差法对数据进行标准化，通过计算信息熵值确定数据中第 i 项的权系数得到 β_i，根据式（5-15）计算得到组合权重列向量为 $W = (0.092, 0.072, 0.084, 0.084, 0.073, 0.077, 0.076, 0.076, 0.142, 0.143, 0.076)$。观察数据发现，以往矿山生产主要关注的诸如采矿成本、采切比、贫化率、损失率及生产能力等定量指标占有比例为 41%，而定性指标生产管理熟悉程度和劳动强度两项指标值均达到 14% 以上，定性指标综合占有比例接近 60%，可知，定性指标的评判在今后指导矿山生产时应引起足够的重视。因此，应用组合权重进行评价指标权重比较合理。

（2）决策矩阵标准化。利用向量归一化对决策矩阵进行处理后得到标准化矩阵见表 5-18。

表5-18 各经济技术指标标准化矩阵

经济技术指标	1	2	3
A	0.1102	0.4246	0.2042
B	0.0367	0.1194	0.1146
C	0.0367	0.0464	0.0249
D	0.0367	0.0332	0.0349
E	0.9919	0.8956	0.9712
F	0.0029	0.0022	0.0028
G	0.0012	0.0052	0.0028
H	0.0021	0.0022	0.0039
I	0.0021	0.0037	0.0039
J	0.0020	0.0021	0.0016
K	0.0012	0.0037	0.0039

（3）计算加权标准化判断矩阵。结合上述计算得到的组合权系数矩阵和向量归一化后得到的矩阵，根据式（5-7）和式（5-11）计算得到标准化判断矩阵见表5-19。

表5-19 各经济技术指标标准化判断矩阵

经济技术指标	1	2	3
A	0.0101	0.0391	0.0188
B	0.0026	0.0086	0.0083
C	0.0031	0.0039	0.0021
D	0.0031	0.0028	0.0029
E	0.0724	0.0654	0.0709
F	0.0002	0.0001	0.0002
G	0.0001	0.0004	0.0002
H	0.0002	0.0002	0.0003
I	0.0003	0.0005	0.0006
J	0.0003	0.0003	0.0002
K	0.0001	0.0003	0.0003

（4）确定正理想解 Z_0^+ 和负理想解 Z_0^-。根据式（5-9）、式（5-14）和式（5-15）计算得到的正理想解和负理想解结果见表5-20。

（5）无量纲化处理后的欧氏距离 S_i^+ 和 S_i^- 及灰色关联度 R_i^+ 和 R_i^-。根据（4）计算得到的正理想解和负理想解，利用式（5-10）、式（5-13）、式（5-14）

和式（5-16），计算得到无量纲化处理后的欧氏距离和灰色关联度见表5-21。

表5-20 经济技术指标正、负理想解

理想解	A	B	C	D	E	F	G	H	I	J	K
正	0.0391	0.0086	0.0039	0.0031	0.0724	0.0002	0.0004	0.0003	0.0006	0.0003	0.0003
负	0.0101	0.0026	0.0021	0.0028	0.0654	0.0001	0.0001	0.0002	0.0003	0.0002	0.0001

表5-21 各经济技术指标的欧氏距离和灰色关联度

采矿方案	理想解欧氏距离		理想解灰色关联度	
	S_i^+	S_i^-	R_i^+	R_i^-
I	1.0000	0.2391	0.9685	1.0000
II	0.2399	1.0000	1.0000	0.9813
III	0.6892	0.3973	0.9691	0.9099

（6）无量纲化距离和关联度合并。按照合并式（5-17），这里取 $\theta_1 = \theta_2 = 1/2$，$T_i^+$ 和 T_i^- 分别表示样本与正负理想解的接近程度，最终得到：$T_i^+ = (0.6038, 1, 0.6832)$，$T_i^- = (1, 0.6106, 0.7996)$。

（7）相对贴近度计算和排序。根据式（5-18）代入计算方案的相对贴近度为 $\delta_i = (0.3765, 0.6209, 0.4608)$，由贴近度最大原则可以得到，方案2的相对贴近度为三者之中最大的，达到了62.09%，方案3次之，方案1则为本次采矿方案中最差的。

5.4.4 相对贴近度对比验证分析

计算得出的耦合相对贴近度结果满意程度有必要进一步对比验证，通过计算TOPSIS法和灰色关联度法计算出的采矿方案贴近度进行对比研究，3种方案贴近度指标见表5-22。

表5-22 决策方案相对贴近度指标

决策方案	TOPSIS法	灰色关联度法	耦合灰色关联度TOPSIS法
1	0.1930	0.4920	0.3765
2	0.8065	0.5047	0.6209
3	0.3657	0.5158	0.4608

为直观反映3种决策方案的相对贴近度情况，由Origin软件作出采矿方案编号与相对贴近度值的关系曲线，如图5-1所示。

观察发现采用TOPSIS法决策方案，上向水平分层充填法的贴近度系数达到80.65%，远高于分段空场嗣后充填采矿法的19.30%和上向进路充填的

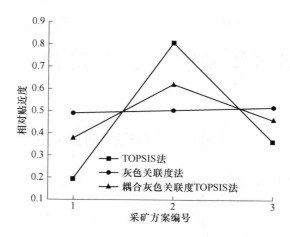

图 5-1 采矿方案编号与相对贴近度关系

36.57%，具有绝对优势；灰色关联度决策方案计算得到的贴近度系数十分接近，最大偏差控制在 5% 范围以内，并未起到真正意义上的决策作用，效果不很理想；而利用耦合灰色关联度 TOPSIS 法得到的相对贴近度曲线介于 TOPSIS 法和灰色关联度法之间，能够较为合理地从 3 种采矿方案中优选较为符合焦家金矿的采矿方案，更具有合理性和科学性。

5.5 本 章 小 结

通过模糊数学结合生产能力、采矿成本 A、采切比 B、损失率 C、贫化率 D、生产能力 E、采矿工效 F、安全程度 G、通风条件 H、生产管理熟悉程度 I、劳动强度 J 和对矿体变化的适应程度 K 以上 11 个指标分析后得出适合矿山以后发展的采矿方法为上向分层充填采矿法。

6　采场结构参数与开采顺序动态优化

6.1　上向水平分层进路极限跨度分析

采矿方法是矿山开采的核心，合适的采矿方法能够使矿山实现低成本、高效益、可持续的发展。上向水平进路充填法在焦家矿区的发展中发挥了重要的作用，多年来进路参数一直保持在 3.5m×3.5m，随着生产任务的逐年上调，进路参数的扩大势在必行。进路参数优化工作要立足现场实际，尊重经验，但不能完全依靠经验，要遵循科学合理的原则。如图 6-1 所示，焦家矿区上向水平进路充填法的进路参数优化应该遵循以下的流程。

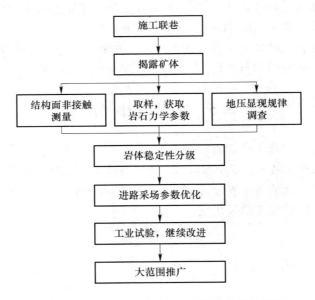

图 6-1　上向水平进路充填法采场优化设计流程

6.1.1　基于 Mathews 稳定图表法的进路极限跨度分析

Mathews 稳定图表方法于 1980 年首先由 Mathews 提出，用于埋藏 1000m 以下的硬岩中进行矿山开采设计的方法。该方法最初提出的时候是基于 50 个工程实例，统计了每个工程实例的稳定数和崩落水力半径，并把它们的关系绘制成了稳定图。1980 年以后，Potvin、Stewart、Forsyth 和 Trueman 等人把工程实例的数量增加到了 500 例，重新绘制了稳定图，并调整了稳定数中一些参数的计算方法，使预测值更加可靠。

Mathews 稳定图表方法是一种相对简单而基于实践的岩石分类系统，在加拿大矿山设计中已经成为空场采矿设计的工业标准，该方法已由众多的矿山实践实例所证实，是一种实用的设计分析方法。目前，该方法不仅用于空场法的设计，而且用于对一般的地下开挖工程的设计中，如采场临界跨度研究等。因此，本章基于前章节 BQ 分类法与 RMR 分类法的质量评价体系的基础上，应用 Mathews 稳定图表方法进行进路临界跨度计算，进而优化现有参数。

图 6-2 所示为典型的 Mathews 稳定图，从上到下 2 条曲线，依次将坐标区域划分为稳定区、过渡区（不稳定）和潜在冒落区（塌落）3 个区域。稳定区：即岩体经开挖在无支护或局部支护条件下可以自立；代表稳定区和崩落区之间的过渡区。过渡区（可能不稳定区）：即可能发生局部破坏的区域，但能够形成稳定的平衡拱，可以通过调整设计或安装锚索支护来减小破坏范围；潜在冒落区：即岩体在开挖后将产生破坏，直到开挖空间被冒落围岩填满。稳定区和过渡区的分界线，称为稳定状态水力半径曲线；过渡区和潜在冒落区分界线，称为崩落状态水力半径曲线，即容许水力半径。根据理论计算确定的采场参数，可以推断采场的稳定性，也可以通过确定稳定性系数反算采场许用暴露面积和尺寸。

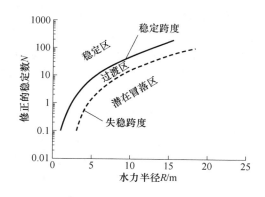

图 6-2 修正的稳定性图

6.1.1.1 Mathews 图解法参数确定

Mathews 稳定图表法的核心内容是反映岩体稳定性系数与采场暴露面形状系数之间关系，主要由稳定数 N 和水力半径 HR 确定，将水力半径和稳定数绘制在稳定图上，进而对矿房采场的暴露面稳定性进行评价。

利用相关数学表达式计算稳定性系数和暴露面形状系数（水力半径）之值，并对照图表可分析确定顶板的稳定性状况。

A　稳定数 N

稳定数 N 代表岩体在给定应力条件下维持稳定的能力，类似于一般评价方法中的 MRMR（Mining Rock Mass Rating），稳定数 N 与其影响因素之间的关系可由式（6-1）表示。

$$N = Q' \cdot A \cdot B \cdot C \qquad (6\text{-}1)$$

式中　Q'——修正的 Q 值；

　　　A——岩石应力系数；

　　　B——节理方位系数；

　　　C——重力调整系数。

（1）Q' 值。Q' 为根据勘测图或钻孔岩芯记录计算出的结果，和岩体质量 Q 指标类似，在假设节理水和应力折减系数均为 1，即取 $J_w/SRF = 1$ 时计算出的 Q 值就是 Q' 值。

$$Q = \frac{RQD}{J_n} \cdot \frac{J_r}{J_a} \cdot \frac{J_w}{SRF} \qquad (6\text{-}2)$$

式中　RQD——岩石质量指标；

　　　J_n——节理组数；

　　　J_r——节理粗糙度系数；

　　　J_a——节理蚀变系数；

　　　J_w——节理水折减系数；

　　　SRF——应力折减系数。

这 6 个参数的组合，反映了岩体质量的 3 个方面，即 RQD/J_n 为岩体的完整性；J_r/J_a 表示结构面（节理）的形态、填充物特征及其次生变化程度；J_w/SRF 表示水与其他应力存在时对岩体质量的影响。

（2）岩石应力系数 A。A 为岩石应力系数，由完整岩石单轴抗压强度（R_c）与采场中线采矿产生的诱导应力（σ_1）的比值确定。A 值可采用弹性有限元分析软件获得，也可参考已发表的应力分布图进行估算。本研究中岩石单轴抗压强度是根据现场取样，室内岩石力学实验获得进路完整岩石的单轴抗压强度，诱导应力根据二维椭圆开采解析获取，经过计算岩石单轴抗压强度与采场中线采矿产生的压应力之比后，根据 A 的取值条件确定出 A 的值（见图6-3）。

A 的取值应当满足条件：

当 $R_c/\sigma_1 < 2$，$A = 0.1$；

当 $2 < R_c/\sigma_1 < 10$，$A = 0.1125 \times (R_c/\sigma_1) - 0.125$；

当 $R_c/\sigma_1 > 10$，$A = 1$。

焦家矿区的开采深度在 500~670m 之间，矿石容重约为 28kN/m³，自重应力为 14~18.76MPa，不同中段不同进路采场的单轴抗压强度在 23.44~74.69MPa，

各种强度的 A 值在 0.1~0.475 之间。

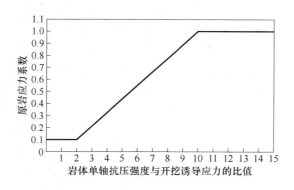

图 6-3　岩石应力系数图解

（3）节理产状调整系数 B。B 为节理产状调整系数，其值是通过采场面倾角与主要节理组的倾角之差来度量。图 6-4 中因素 B 节理产状调整系数部分，加粗的线代表顶板或边墙，细线代表节理组，其中角度代表优势节理组与顶板或边墙的夹角之差。可知当结构面与开挖面的夹角为 90° 时，B 系数赋值为 1，不连续结构面与开挖表面的夹角为 20° 时，B 值为 0.2。确定出优势节理组及其倾角，寻求更为准确的参数 B 值，对采场暴露面的稳定性进行更为准确的分析，对于矿山的安全生产和地压管理都有积极的作用。采用先进的非接触数字摄影测量技术，确定出采场的主要节理组倾角，进而确定出节理产状调整系数 B 的值。

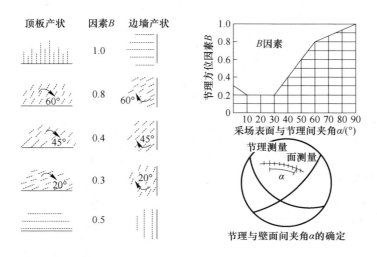

图 6-4　节理组方位系数 B 图解

由焦家矿区结构面非接触测量分析可得，产状为 93°~138° ∠45°~67°（平均值 102.1° ∠57.4°）结构面最多；产状为 279° ~ 319° ∠52° ~ 74°（平均值 312.0° ∠60.7°）结构面次之。研究范围内的结构面大多为倾斜~急倾斜，精确到每条进路采场时，B 值略有不同，但总体范围在 0.40 ~ 0.95 之间。

（4）重力调整系数 C。C 为重力调整系数，反映了采场面产状对采场矿岩稳定性的影响。重力调整系数 C 的大小取决于采场顶板暴露表面崩落、滑落、边帮的滑落等。图 6-5 为采场示意图，表示了采场与水平面间的倾角关系。重力调整系数 C 和采场表面倾角的关系由下式确定：$C = 8 - 6\cos\alpha$。

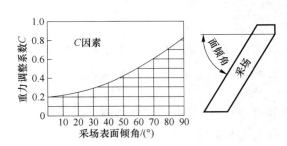

图 6-5　重力调整系数 C 图解

对于采场两帮：焦家矿区采场基本垂直于矿体开采，因此对于矿体顶板：C 取值为 $C = 8 - 6\cos 0° = 2$。

B　水力半径

水力半径 R 反映了采场的尺寸和形状，如图 6-6 所示，为矿房暴露面的示意图，水力半径由以下公式确定：

$$HR = 面积/周长 = xy/(2x + 2y) \tag{6-3}$$

式中　HR——开挖面容许水力半径，m；

x，y——采场的跨度与斜长，m。

在本章中 y 为采矿过程中一次崩落矿石的高度。

6.1.1.2　跨度计算

通过现场工程地质调查及室内岩石力学试验，得到不同采场的岩体力学质量 Q 指标及稳定性系数 N。当采场暴露面的长短跨度之比超过 4:1 时，水力半径系数基本保持不变，这时暴露面的稳定性仅受单向跨度尺寸控制。焦家矿区的矿体属于中间厚，两翼薄的矿体，100 ~ 112 线矿体厚度为 18 ~ 86m，对于上向水平进路充填采矿法来说，其采场

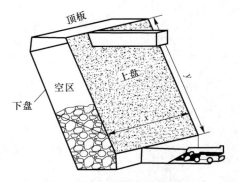

图 6-6　采场暴露面示意图

暴露面的长短跨度之比远大于 4∶1，采场的稳定性受其单向跨度控制，优化设计时仅需要考虑采场的单向跨度即可。

综上，优化每条进路时，依据不同进路采场的相关参数，根据式（6-1）得到采场的稳定数，再根据 Mathews 稳定图进行许用跨度计算（图6-7），计算出进路采场的许用跨度，如 13 中段 1 分巷 88 号进路的顶板岩体稳定性系数为 1.71，将其投影到修正的 Mathews 稳定图上，即可以得到与其相对应的能够保持采场稳定的最大跨度为 7.9m。

利用 Mathews 稳定图表法对所有测点数据进行许用跨度计算，由表 6-1 可知，在无支护的条件下，上向水平进路充填法

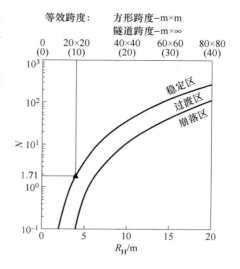

图6-7 焦家金矿进路采场许用跨度设计

采场进路许用宽度范围是 4.52 ~ 8.05m，具有一定的典型与代表性。

表6-1 寺庄矿区不同采场 Mathews 相关参数汇总表

进路位置	Q'	A	B	C	N	水力半径 HR/m	容许水力半径 R/m	进路许用跨度
−400m − 320	9.58	0.61	0.43	2	5.03	0.87	1.54	9.48
−400m − 324	10.06	0.56	0.44	2	4.96	0.86	1.76	9.37
−445m − 304	15.90	0.63	0.71	2	14.23	1.16	2.06	11.95
−445m − 264	15.63	0.64	0.74	2	13.21	1.11	2.01	11.23
−490m − 304	17.37	0.62	0.72	2	15.94	1.19	2.15	12.56
−490m − 264	16.48	0.61	0.71	2	14.82	1.17	2.13	12.44
−535m − 304	15.60	0.57	0.70	2	12.45	1.17	1.98	11.47
−535m − 264	15.41	0.55	0.69	2	12.42	1.17	1.86	11.24

由于岩石力学试验样品有限及现场岩体结构面非接触测点数量限制，目前进路参数优化只涵盖了焦家矿区的部分采场，整个焦家矿区全面的进路规格优化还需要深入研究。但根据工程类比法，其余采场可通过比较矿岩情况类比确定。寺庄矿区主要回采进路推断参数优化结果（许用跨度规格）汇总于表6-2。

焦家金矿是国内外著名的"焦家式"金矿床的典型代表，属破碎带蚀变岩型金矿床。焦家矿区目前进路断面设计基本实行"一刀切"，初始断面设计

3.5m×3.5m，后期通过劈帮实现断面的扩大，这样的方法工序烦琐，生产效率低，不利于生产的顺利衔接。根据岩体稳定性分级与 Mathews 稳定图表优化不同进路现有参数，焦家矿区一次成巷未支护的规格可根据稳定性与岩性进行不同程度的扩大。

考虑到采场实际岩体稳固性与 Mathews 稳定图计算的联系与区别性，通过给定不同围岩等级的安全系数范围（见表6-3），为后续推荐采场跨度提供依据。

表6-2　寺庄矿区进路参数推断优化

进路位置	稳定性级别	许用跨度/m	安全系数	安全跨度/m	建议规格/m
−400m−320	Ⅲ	9.48	1.15~1.2	7.9~8.2	8.0
−400m−324	Ⅲ	9.37	1.15~1.2	7.8~8.1	8.0
−445m−304	Ⅲ	11.95	1.15~1.2	10.0~10.4	10.0
−445m−264	Ⅲ	11.23	1.15~1.2	9.8~10.2	10.0
−490m−304	Ⅱ	12.56	1.1~1.15	10.9~11.4	11.0
−490m−264	Ⅱ	12.44	1.1~1.15	10.8~11.3	11.0
−535m−304	Ⅲ	11.47	1.15~1.2	9.6~10.0	10.0
−535m−264	Ⅲ	11.24	1.15~1.2	9.5~10.0	10.0

表6-3　安全系数参考表

稳定性级别	1	2	3	4	5
安全系数范围	1.05~1.1	1.1~1.15	1.15~1.2	1.2~1.3	1.3~1.4

6.1.2　基于弹性板理论的进路极限跨度分析

6.1.2.1　弹性板力学模型构建

根据进路开采中承载层的受力特征，考虑采场进路受力特点，对力学模型材料条件进行假设：

（1）视进路承载层为连续、均质、各向同性的，符合弹性力学假设条件的弹性板；

（2）矿体和承载层在屈服破坏之前为线弹性体，其本构方程为 $\sigma = E_\varepsilon$；

（3）承载层的厚度 h 与承载层水平方向上的最小尺寸 L 的比值：$h/L \leqslant 1/5$；

（4）承载层上受均布荷载 q；

（5）在进路开采中，一般进路长度都远大于进路跨度。

根据以上假设，可以把进路侧帮视为弹性基础，把承载层视为在弹性基础之上由弹性介质组成的薄"板"，因此可以用薄"板"理论来研究。在实际计算中，薄板的弯曲主要是由于垂直载荷引起的，承载层所受水平应力较小，水平应力对薄"板"的弯矩影响很少，可略去水平应力，并建立如图 6-8 所示力学模型并进行应力分析。

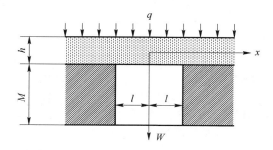

图 6-8 下向进路胶结充填体弹性薄"板"力学模型

l—1/2 进路宽度；h—承载层厚度；M—进路高度

A 垂直载荷作用下承载层的挠曲变形

根据薄"板"弯曲理论，在垂直载荷作用下，承载层中性层挠曲线微分方程式可表示为：

$$\frac{\partial^4 W}{\partial x^4} = \frac{q(x)}{D} \tag{6-4}$$

式中 W——竖起方向挠度；

D——承载层的挠曲刚度，$D = \dfrac{E_1 h^3}{12(1-\mu^2)}$；

E_1——承载层的弹性模量；

h——承载层厚度；

μ——承载层的泊松比。

在载荷 q 作用下，承载层将受到来自两侧进路的支撑力 $p(x)$，支撑力 $p(x)$ 可用下式表示：

$$p(x) = \frac{E_j}{M} W(x) \tag{6-5}$$

式中 E_j——进路侧帮的弹性模量；

M——进路高度。

在进路两侧弹性基础上承载层的外载 $q(x)$ 由承载层的上表面所受的均布载荷 q 和承载层的下表面承受的弹性基础的反作用力 $p(x)$ 构成：

$$q(x) = q - p(x) = q - \frac{E_j}{M} W(x) \tag{6-6}$$

将式（6-6）代入式（6-4）得出在进路两侧弹性基础上承载层的挠曲微分方程：

$$D \frac{\mathrm{d}^4 W(x)}{\mathrm{d}x^4} + \frac{E_j}{M} W(x) = q \tag{6-7}$$

设进路正上方承载层的外载荷是 q，可以得到进路上方（$-l < x < l$）承载层的挠曲微分方程：

$$\frac{\mathrm{d}^4 W(x)}{\mathrm{d}x^4} = \frac{q}{D} \tag{6-8}$$

解上述微分方程可得：

$$W(x) = \frac{1}{D}\left[\frac{q}{24} q(x-l)^4 + c_1(x-l)^3 + c_2(x-l)^2 + c_3(x-l) + c_4 \right] \tag{6-9}$$

式中　c_1，c_2，c_3，c_4——常数。

在进路两侧弹性基础上，可得在 $x > l$ 上，承载层的挠曲微分方程：

$$W(x) = \mathrm{e}^{-\alpha(x-l)}\left[A_1\sin(\alpha(x-l)) + A_2\cos(\alpha(x-l)) \right] +$$
$$\mathrm{e}^{\alpha(x-l)}\left[A_3\sin(\alpha(x-l)) + A_4\cos(\alpha(x-l)) \right] + \frac{M}{E_j}q \tag{6-10}$$

式中，$\alpha = \left(\dfrac{E_j}{4DM} \right)^{\frac{1}{4}}$。

根据边界条件，可求出 $A_3 = A_4 = 0$，$\dfrac{M}{E_j}q$ 在所研究的进路开采之前已发生，没有实际意义，可省略，因此得到在 $x > l$ 上，承载层的挠曲微分方程：

$$W(x) = \mathrm{e}^{-\alpha(x-l)}\left[A_1\sin(\alpha(x-l)) + A_2\cos(\alpha(x-l)) \right] \tag{6-11}$$

用同样的方法，可以得到在 $x < -l$ 区间上承载层的挠曲微分方程：

$$W(x) = \mathrm{e}^{\beta(x+l)}\left[B_1\sin(-\beta(x+l)) + B_2\cos(-\beta(x+l)) \right] \tag{6-12}$$

式中，$\beta = \left(\dfrac{E_j}{4DM} \right)^{\frac{1}{4}}$。

B　承载层的弯矩及内力分析

如图 6-9 所示，沿 OW 轴做剖面将承载层分为 $x \geqslant 0$ 和 $x \leqslant 0$ 左右两部分，在 OO' 剖面上，承载层的弯矩为 M_0，承载层的切向剪力为 T_0。

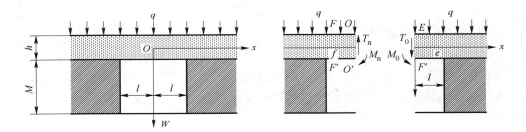

图 6-9　承载层受力分析

根据材料力学弹性薄"板"理论考虑以下情况:

当 $0 \leqslant x \leqslant l$ 时,在 $x = 0$ 处,弯矩有极大值(不考虑弯矩作用方向):

$$M(0) = -\frac{ql(\alpha^2 l^2 + 3\alpha l + 3)}{6\alpha(\alpha l + 1)} \tag{6-13}$$

式中,$\alpha = \left[\dfrac{3(1 - \mu^2)E_j}{E_1 h^3 M}\right]^{\frac{1}{4}}$。

根据式(6-13)可以确定承载层所受的最大拉应力发生在承载层下表面 O' 处,其值为:

$$\sigma_{tmax}(0) = \frac{6M(0)}{h^2} \tag{6-14}$$

根据前面岩石力学参数,可以确定力学参数为:进路半宽 l,$h = 1 \sim 1.5\text{m}$,进路高度 $M = 3.5\text{m}$,矿体弹性模量 $E_1 = E_j = 1.4 \times 10^4 \text{MPa}$、泊松比 $\mu = 0.28$。

6.1.2.2　进路顶板许用跨度计算

根据力学参数由式(6-13)、式(6-14)得出 σ_{tmax} 与采场进路半宽 l 之间的关系,经过 Orgin 软件进行函数拟合,得出不同采深下极限跨度与顶板抗拉强度之间的拟合函数分布。顶板岩体的稳定性,除与岩体基本质量的好与坏有关外,还受地下水、软弱结构面、天然应力的影响,依据修正后的顶板抗拉强度,基于极限跨度与顶板抗拉强度拟合函数的出"板"力学模型下的极限跨度,考虑实际施工情况及安全系数给出建议跨度(见表6-4)。

表6-4　安全系数参考表

稳定性级别	I	II	III	IV	V
安全系数范围	1.15 ~ 1.2	1.2 ~ 1.25	1.25 ~ 1.3	1.3 ~ 1.4	1.4 ~ 1.5

基于板理论所计算是在一定条件假设前提下得出的采场进路的极限跨度。故此,采场实际跨度应不超过极限跨度。综合考虑采场围岩稳定性级别,给出采场跨度安全系数范围,为后续安全跨度的计算及建议跨度选取提供依据(见表6-5)。

表6-5　寺庄矿区采场进路极限跨度及建议跨度

进路水平 /m	采场编号	采场稳定性级别	顶板抗拉强度/MPa	极限跨度 /m	安全系数	安全跨度 /m	建议跨度 /m
-400	302	III	1.030	10.16	1.25 ~ 1.3	7.8 ~ 8.1	8.0
-400	324	III	1.090	10.80	1.25 ~ 1.3	8.3 ~ 8.6	8.5
-445	324	III	1.515	13.75	1.25 ~ 1.3	10.6 ~ 11.0	11.0

续表 6-5

进路水平 /m	采场 编号	采场稳定性 级别	顶板抗拉 强度/MPa	极限跨度 /m	安全系数	安全跨度 /m	建议跨度 /m
-445	264	Ⅲ	1.532	13.27	1.25~1.3	10.7~11.1	11.0
-490	304	Ⅱ	1.651	13.53	1.2~1.25	10.8~11.3	11.0
-490	264	Ⅱ	1.664	13.78	1.2~1.25	10.8~11.2	11.0
-535	304	Ⅲ	1.694	12.70	1.25~1.3	9.8~10.2	10.0
-535	264	Ⅲ	1.621	11.23	1.25~1.3	9.7~10.1	10.0

6.1.3　Mathews 稳定图表方法与极限跨度力学模型结果对比

Mathews 稳定图表方法是一种相对简单而基于实践的岩石分类系统，Mathews 稳定图表法的核心内容是反映岩体稳定性系数与采场暴露面形状系数之间关系，主要由稳定数 N 和水力半径 HR 确定，将水力半径和稳定数绘制在稳定图上，进而对矿房采场的暴露面稳定性进行评价。

极限跨度力学模型理论是建立在弹性力学中"板"力学模型来进行简化计算，根据计算公式推导出进路半宽与进路顶板抗拉强度之间的函数，进行函数关系式拟合进一步得出极限跨度与顶板抗拉强度之间的关系式。依据进路顶板的抗拉强度可得出进路的极限跨度。

这两者都能为采场许用跨度提供理论依据，在实践中都有广泛的应用。将两者计算结果进行对比（见表 6-6）。

表 6-6　寺庄矿区对比分析结果

进路水平 /m	采场编号	Mathew 理论 许用跨度/m	板理论极限 跨度/m	Mathew 理论 建议跨度/m	板理论建议 跨度/m	建议跨度 /m
-400	302	5.56	10.16	8.0	8.0	8.0
	324	4.95	10.80	8.0	8.5	8.0
-445	324	5.24	13.75	10.0	11.0	10.0
-445	264	5.69	13.27	10.0	11.0	10.0
-490	304	5.41	13.53	11.0	11.0	11.0
-490	264	5.88	13.78	11.0	11.0	11.0
-535	304	5.83	12.70	10.0	10.0	10.0
-535	264	5.61	11.23	10.0	10.0	10.0

根据以上2种理论设计采场进路参数分别得到 Mathew 理论许用跨度和板理论极限跨度及各自的推荐跨度。2种不同理论得出的允许跨度存在差异，考虑到开采的安全性，选取两者的较小者作为建议跨度，为矿山实际安全开采跨度提供依据。同时，在实际施工过程中，应根据不同围岩条件进行适当的调整或加强支护，以确保安全开采。

6.2 采场开采顺序分析

本章对本开采方法的矿房矿柱开采顺序进行分析，最终确定最优的矿房矿柱顺序。

6.2.1 分析方案确定

6.2.1.1 超采分层优化

不同的采场回采顺序会导致采场矿房和矿柱中的应力分布大不相同，一种合适的回采顺序能使得采场中的应力分布较为均匀，避免局部地区出现应力集中而导致采场失稳破坏。现针对矿房超采矿柱层数，拟定出几种回采顺序方案，由 FLAC 3D 模拟其在回采过程中采场矿房中的应力分布情况，从而确定出最为合适的回采顺序。模拟的回采顺序方案如图6-10所示。

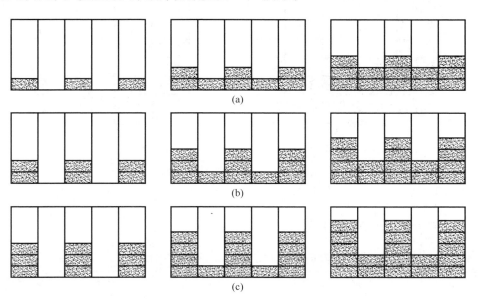

图6-10 回采顺序方案示意

（a）矿房超采1分层；（b）矿房超采2分层；（c）矿房超采3分层

具体方案见表6-7。

表6-7　回采顺序方案示意

优化方案	矿房跨度/m	矿柱跨度/m	分层采高/m	超采层数
方案1				1层
方案2	9	6	5	2层
方案3				3层

6.2.1.2　矿房矿柱回采间隔优化

在设定合理的超采层数后,矿房矿柱在回采过程中可分为两种情形:矿柱滞后回采和矿房矿柱同时回采。矿柱滞后回采即正常采用的回采顺序,待矿房全部回采充填完毕后,再布置矿柱回采工程,进行矿柱回采。矿房矿柱同时回采即在不同水平标高的矿房与矿柱中同时布置采切工程,同时进行回采作业,该方法危险性较大,容易引发地压显现,但若能合理控制,可极大地提高生产效率,缩短开采进度。

开采模型示意如图6-11、图6-12所示。

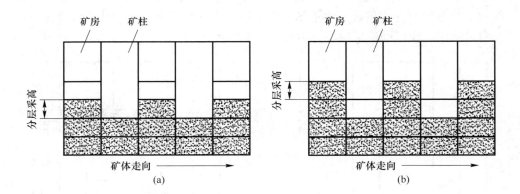

图6-11　矿柱滞后回采方案
(a) 矿房首先回采;(b) 矿房充填回采矿柱

总共拟定2种进行优化的方案,设计见表6-8。

表6-8　矿房矿柱回采间隔方案设计

优化方案	矿房跨度/m	矿柱跨度/m	分层采高/m	超采层数	回采间隔
方案1					滞后
方案2	9	6	5	上述最优方案	同时

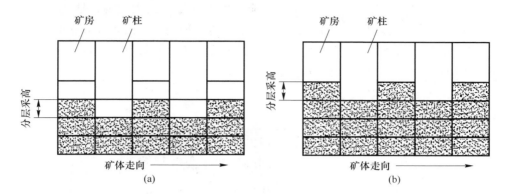

图 6-12 矿房矿柱同时回采方案

(a) 矿房矿柱同时回采；(b) 矿房矿柱同时充填

6.2.2 数值模拟模型建立

模拟采用前一节建立模型，在前一小节基础上，研究不同回采顺序对采场稳定性的影响，模型如图 6-13 所示。

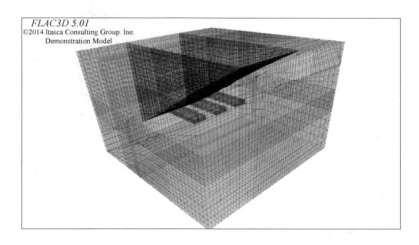

图 6-13 回采顺序优化模型

6.2.3 数值模拟结果分析

6.2.3.1 超采分层优化

以矿柱滞后回采为模拟对象，不同矿房超采分层的应力分布情况如图 6-14 所示。图 6-14 中，超采 1 分层时，矿房开采至第 2 分层开始回采矿柱。此时矿房回采后在 1 分层矿柱处形成明显的压应力集中区域,最大应力值达到 11MPa。在矿柱回采时可能会因为应力突然释放造成地压显现现象,而矿柱开采时,形成的顶板拉应力区域较大,与矿房充填体处相连通,相互影响较大,该方案存在一定的风险性。

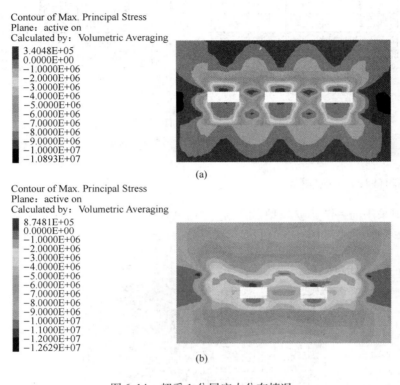

图 6-14　超采 1 分层应力分布情况
(a) 矿房回采应力分布情况;(b) 矿柱回采应力分布情况

　　超采 1 分层塑性区分布情况如图 6-15 所示,在矿房开采后,对矿柱两帮岩体产生扰动影响,形成剪切破坏区,范围在 2m 左右,矿柱开采后在矿柱顶板形成 2m 厚度左右的顶板拉伸破坏区,易发生破坏冒落现象。

　　图 6-16 中,超采 2 分层时,矿房开采至第 3 分层开始回采矿柱。此时,压应力集中区仍然聚集在第 1 分层矿柱处,但数值有所减少,在 9MPa 左右,顶板拉应力最大值 0.36MPa。矿柱回采时,拉应力集中贯通现象有所缓解,仅集中在矿柱顶板较小的范围内,开采过程较为安全,最大应力值 1.02MPa。超采 2 分层塑性区分布情况如图 6-17 所示,随着分层数的增加,矿房对矿柱影响越来越大,导致矿柱上方出现大量塑性区,已影响至下个分层开采,需及时进行支护处理。

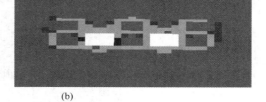

图 6-15　超采 1 分层应力分布情况

（a）矿房回采塑性区分布情况；（b）矿柱回采塑性区分布情况

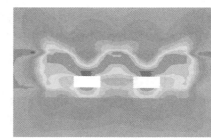

图 6-16　超采 2 分层应力分布情况

（a）矿房回采应力分布情况；（b）矿柱回采应力分布情况

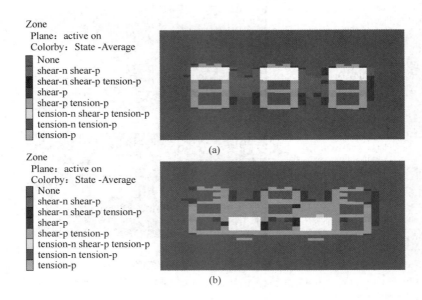

图 6-17　超采 2 分层塑性区分布情况
（a）矿房回采塑性区分布情况；（b）矿柱回采塑性区分布情况

图 6-18 中，超采 3 分层时，矿房开采至第 4 分层开始回采矿柱。矿房及矿柱开采过程中的压应力集中及数值大小与超采 2 分层相比并无明显变化，矿房最大拉应力值 0.58MPa，矿柱开采后增加至 1.13MPa，总体上并无较大优势。超采 3 分层塑性区分布情况如图 6-19 所示，塑性区继续增加，已经处于不可控的程度，该方案具有较大的风险性，不考虑采用。

6.2.3.2　回采间隔优化

由上述方案优化得到矿房超前矿柱 2 分层开采时较为合理，在此基础上研究矿房矿柱回采间隔优化。矿房矿柱同时回采方案与矿柱滞后回采方案对比如下。

矿房矿柱同时开采时，应力分布状态如图 6-20 所示。最大主应力为 1.31MPa，与矿柱滞后第 1 分层开采后的 0.87MPa 相比有较大的增加，主要集中于矿柱顶板中心区域，少部分与矿房应力场相连，稳定性较隔离滞后开采情况下较差，地压显现发生概率较大；塑性区分布状态对比如图 6-21 所示，在同时回采情况下，对于矿房两帮岩体有更好的控制效果，而矿柱顶板塑性破坏区同样延伸到了下分层顶板，但以剪切破坏为主，未有较大拉伸破坏区域，可以利用锚网、喷浆等支护手段进行控制。

6.2.4　方案对比选择

（1）超采分层优化。将矿房、矿柱开采过程中的应力大小变化情况进行统

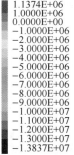
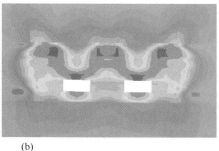

图 6-18 超采 3 分层应力分布情况

（a）矿房回采应力分布情况；（b）矿柱回采应力分布情况

计分析，绘制曲线结果如图 6-22 所示。主要以矿房应力变化为基础，从图中可以看出，随着分层数的增加，方案一应力值增长幅度最大，不予采用；方案二与方案三相比，差距在不断缩小，没有较明显的优势，结合上文方案三在塑性区分布上存在劣势较大，支护成本较高，以此选择方案二为优化方案，即矿房超前矿柱 2 分层进行开采。

（2）矿房矿柱回采间隔优化。对多个分层矿柱的开采进行比较分析，绘制矿柱顶板最大主应力曲线如图 6-23 所示。矿房矿柱同时回采方案较矿柱滞后回采方案初始分层应力值较高，但在后续分层开采中能保持平稳缓速增长，在开采至第 4 分层时应力值与滞后开采相持平，而后续第 5 分层已经低于后者，且其前期低分层开采集中的应力值处在可以控制的范围内，可以加以支护控制。可以得出，对于分层数较多的采场开采选择矿房与矿柱同时进行开采可以在高分层开采取得更大收益。

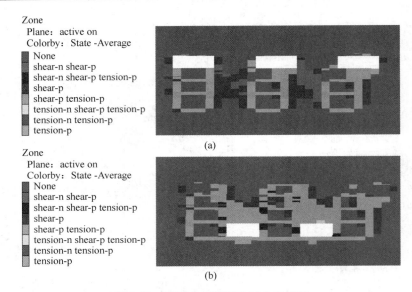

图 6-19 超采 3 分层塑性区分布情况

（a）矿房回采塑性区分布情况；（b）矿柱回采塑性区分布情况

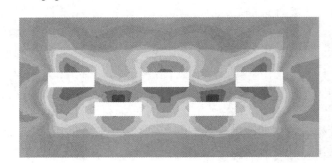

图 6-20 矿房矿柱同时回采应力分布情况对比

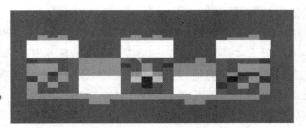

图 6-21 矿房矿柱同时回采分布情况

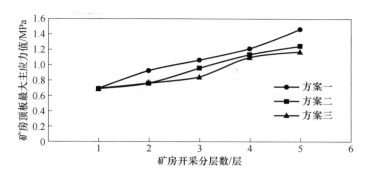

图 6-22 超采 3 分层塑性区分布情况

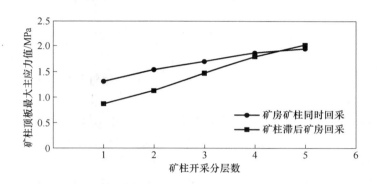

图 6-23 矿房矿柱同时回采分布情况

6.3 缓倾斜厚大矿体采场结构参数动态优化

6.3.1 概述

根据前述章节的极限跨度分析，初步确定 4 种结构参数，分别为：矿房宽度 7m、矿柱宽度 8m；矿房宽度 8m、矿柱宽度 7m；矿房宽度 9m、矿柱宽度 6m；矿房宽度 10m、矿柱宽度 5m。4 种方案优缺点见表 6-9。

表 6-9 方案优缺点比较

方案	矿房跨度/m	矿柱跨度/m	优 点	缺 点
1	10	5	一步采跨度大，效率更高，二步采跨度小安全性好，损失贫化小	一步回采矿房跨度过大，稳定性难以保证，需进一步计算分析

方案	矿房跨度/m	矿柱跨度/m	优　点	缺　点
2	9	6	一步采跨度较大，效率更高，二步采跨度相对较小，安全性高，损失贫化小	一步回采矿房跨度大，需进行计算分析确定其合理性
3	8	7	一步回采跨度相对较小，回采更加安全	二步回采跨度相对较大，矿柱两侧为充填体，岩体整体性遭到破坏，且损失贫化大
4	7	8	一步回采跨度较小，回采更加安全	二步回采跨度较大，矿柱两侧为充填体，岩体整体性遭到破坏，且损失贫化大

通过比较发现，方案3和方案4一步回采矿房跨度小，安全性更高，但二步回采矿柱跨度较大，此时矿柱两侧为充填体，岩体完整性遭到破坏，矿柱顶板更易发生失稳跨冒等安全事故。方案2回采效率更高、二步回采更加安全，但同时需要对一步回采矿房跨度9m稳定性进行计算分析，以保证在此跨度条件下矿石回采作业的安全。方案1虽然一步采跨度大，效率更高，但由于跨度过大，需进一步计算分析其合理性。

综合分析认为，回采过程中，一步矿房开采时，岩体完整性较好，稳定性相对较高，二步矿柱回采过程中由于岩体完整性遭到破坏，稳定性较差，因此在进行方案选择过程中，重点考虑二步矿柱回采，因此可适当增大一步回采矿房跨度、适当减小二步矿房跨度，但同时需要对一步矿房回采极限跨度进行计算分析，以保证矿房跨度在安全合理范围之内。

6.3.2　数值模拟分析

FLAC 3D（Three Dimensional Fast Lagrangian Analysis of Continue）是一种通过显式有限差分法求值的岩土及采矿工程中进行研究与设计的二维连续介质程序，通常用来模拟岩土和其他材料的非线性力学行为，能够解决很多的有限元程序不能解决的困难的实际问题，例如大变形、大应变、非线性及非稳定系统（甚至大面积屈服/失稳或完全塌方）等问题。可以完美地模拟三维岩土材料在达到强度的最大值或屈服的最大值的情况下，形成的损坏和塑性流动的力学行为。

6.3.2.1　矿岩及锚索力学参数

岩体力学参数的正确选取是保证数值模拟分析结果准确的关键，因此对于力学参数的选取必须考虑多方面因素，对所选取的力学参数根据其影响因素的不同进行相应的折减，依据上文中岩体各项力学参数的折减结果，选取以下数据作为模拟计算参数，主要包括矿体、围岩、顶底板的力学参数，并对这些部分均采用摩尔-库仑准则。岩石及充填体具体力学参数见表 6-10。锚索具体材料属性见表 6-11。

表 6-10 围岩和充填体物理力学参数

参数	密度 /kg·m⁻³	体积模量 /GPa	剪切模量 /GPa	内聚力 /MPa	抗拉强度 /MPa	内摩擦角 /(°)
岩石	2815	42.9	40.0	10.5	6.0	38
充填体	2200	7.3	2.3	0.8	0.8	33

表 6-11 锚索材料属性

类型	杨氏模量 /GPa	屈服强度 /MPa	横截面积 /m²	灌浆黏结强度/MPa	灌浆刚度 /MPa	灌浆周长 /m	灌浆摩擦角 /(°)
长锚索	200	335	3.8×10^{-4}	0.2	17.5	0.157	30

初始应力场：根据焦家金矿提供的资料和相关论文，焦家深部地应力场以水平构造地应力为主，本次模拟的水平应力和垂直应力可按以下公式计算：

$$\sigma_{hmax} = -0.02 + 0.0567H \tag{6-15}$$

$$\sigma_{hmin} = -0.14 + 0.0301H \tag{6-16}$$

$$\sigma_v = \rho g H \tag{6-17}$$

式中　σ_{hmax}——最大水平应力，MPa；

　　　σ_{hmin}——最小水平应力，MPa；

　　　σ_v——垂直应力，MPa；

　　　ρ——岩体密度，2815kg/m³；

　　　g——重力加速度，取 9.81m/s²；

　　　H——开采深度，m。

6.3.2.2　模型构建

在使用软件模拟时，如果模型建不好会导致整个模拟失败，所以模型的建立至关重要。矿体结构复杂，模拟时为了简化计算，进行以下的假设：

（1）把模拟的矿体看成是持续均质、各向同性的力学介质，不考虑矿体中节理、裂隙的情况。

（2）岩体容易破裂，所以数值模拟时，所有的物理量皆视为定量不发生改变。

（3）建立数值模型的时候，应变硬化和软化忽略不计。

依据岩体力学理论和查找很多现场实际及关联的文献，一般矿体开采会造成二次应力变化，周围的岩体就会发生振动，所以模拟区域经常设置成开采尺寸的 3~5 倍，大于 5 倍的范畴几乎对巷道产生不了作用，就省略不考虑。采场数值模拟模型尺寸为 75m×60m×40m（长×宽×高）。网格的密度以及单元形状对模拟结果分析的准确性有着很大的影响，因为本文重点是研究采场结构的稳定性，所以在中间部分网格进行了加密处理，初始平衡位移云图如图 6-24 所示。

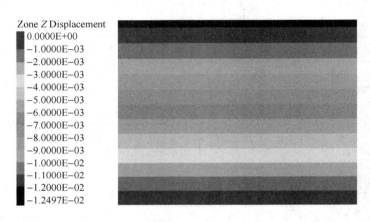

图 6-24 采场初始平衡位移云图

6.3.2.3 计算方案确定

施加初始地应力后，将模型除顶面外的其余 5 个面固定，顶面为自由边界，重力加速度设为 $9.81m/s^2$，计算模型采用摩尔－库仑塑性模型。本次研究主要为模拟矿柱长锚索预支护条件下，采用上向水平分层充填采矿法进行矿体回采。模拟锚索长度为 18m，锚索网度为 2.0m×3.0m，按照设计回采顺序对采场回采过程进行模拟，分析回采过程中采场应力大小、位移变化量及塑性区体积的变化情况，对设计采矿工艺的可行性进行验证，同时考虑支护情况以及深度变化导致的地应力增加对采场结构参数的影响，设置对照组，以确定不同支护效果以及不同地应力情况下采场最优结构参数。模拟方案见表 6-12。

表 6-12 数值模拟方案

地应力水平/m	支 护	采场结构参数
−600	有锚索支护	方案一：矿房 10m，矿柱 5m
		方案二：矿房 9m，矿柱 6m
		方案三：矿房 8m，矿柱 7m
		方案四：矿房 7m，矿柱 8m

地应力水平/m	支 护	采场结构参数
−600	无锚索支护	方案一：矿房 10m，矿柱 5m
		方案二：矿房 9m，矿柱 6m
		方案三：矿房 8m，矿柱 7m
		方案四：矿房 7m，矿柱 8m
−700	有锚索支护	方案一：矿房 10m，矿柱 5m
		方案二：矿房 9m，矿柱 6m
		方案三：矿房 8m，矿柱 7m
		方案四：矿房 7m，矿柱 8m
−700	无锚索支护	方案一：矿房 10m，矿柱 5m
		方案二：矿房 9m，矿柱 6m
		方案三：矿房 8m，矿柱 7m
		方案四：矿房 7m，矿柱 8m

6.3.3 参数动态优化分析

6.3.3.1 工况一：开采深度 −600m，无锚索支护

A 位移对比分析

由于篇幅所限，只展示方案一采场开采位移云图，矿房、矿柱各分层采场位移如图 6-25 和图 6-26 所示。所有方案采场开采位移见表 6-13。各方案开采顶板累计位移如图 6-27 所示。

表6-13 各方案采场顶板累计位移

分层数	开挖	顶板累计位移/mm				开挖	顶板累计位移/mm			
		方案一	方案二	方案三	方案四		方案一	方案二	方案三	方案四
1	矿房	4.01	3.45	3.00	2.50	矿柱	14.63	13.98	12.69	13.34
2		4.77	4.10	3.49	2.95		14.20	13.72	12.69	13.23
3		5.60	4.78	4.07	3.43		13.63	13.33	12.52	12.95
4		6.58	5.59	4.73	3.97		13.41	13.13	12.39	12.79

分析表 6-13 中数据可知，4 种方案在进行矿房开采时，顶板位移值均小于 10mm，处于安全稳定范围，但方案一和方案二矿房顶板位移较方案三和方案四更大，方案三和方案四矿房顶板位移值相对较小，处于小变形范围，方案一和方案二矿房顶板属于较大变形范围。矿房回采、充填完毕，进行二步矿柱开采，方案四在开采矿柱 1、2、3 和 4 分层时，其顶板累计位移值分别为 13.34mm、13.23mm、

12. 95mm 和 12. 79mm，分析其原因认为，当二步采跨度过大时，由于两侧支撑结构为相对软弱的胶结充填体，无法提供大跨度矿柱所需的支撑作用力，导致矿柱顶板下沉位移较大，因此方案四选取应该慎重考虑。方案三开采矿柱第 1、2、3 和 4 分层时，其顶板位移分别为 12. 69mm、12. 69mm、12. 69mm 和 12. 69mm。

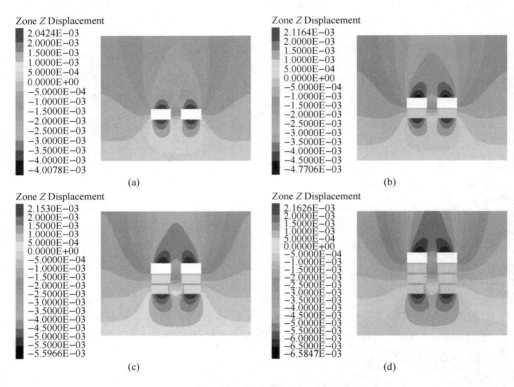

图 6-25   方案一一步采采场位移云图
（a）第 1 分层；（b）第 2 分层；（c）第 3 分层；（d）第 4 分层

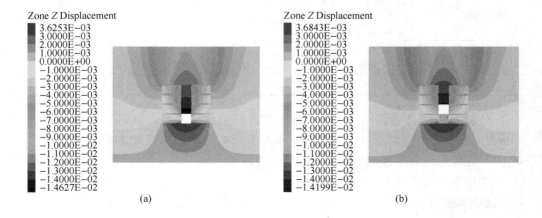

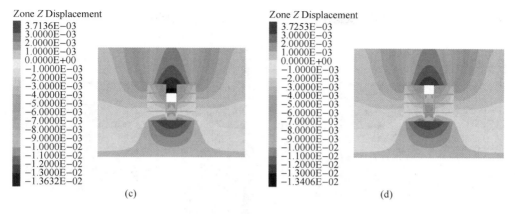

图 6-26 方案一二步采采场位移云图

(a) 第 1 分层；(b) 第 2 分层；(c) 第 3 分层；(d) 第 4 分层

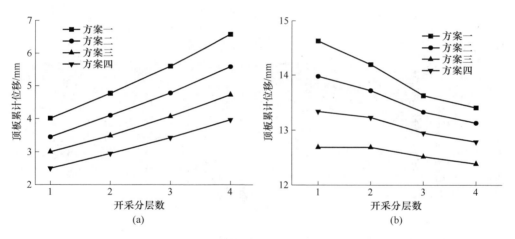

图 6-27 各方案开采顶板累计位移图

(a) 开挖矿房；(b) 开挖矿柱

相比于其他 3 种方案，最大位移值最小，此时可认为矿柱顶板处于相对稳定状态。方案一和方案二，当二步采矿柱时，顶板最大位移分别为 14.63mm 和 13.98mm，虽然此时顶板依然处于稳定状态，但由于变形量已经属于比较大范围。

当开采深度为 -600m，二步采矿柱无锚索支护时，综合理论计算及数值分析，在兼顾安全及高效的前提下，认为方案三更为合理，更加适合寺庄矿区矿体的回采，此时矿房跨度为 8m，矿柱跨度为 7m。

B 最大主应力对比分析

由于篇幅所限，只展示方案一采场开采最大主应力云图，矿房、矿柱各分层采场位移如图 6-28 和图 6-29 所示。

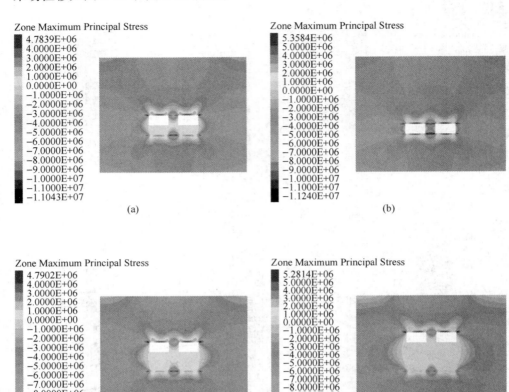

图 6-28　方案一一步采采场最大主应力云图

（a）第 1 分层；（b）第 2 分层；（c）第 3 分层；（d）第 4 分层

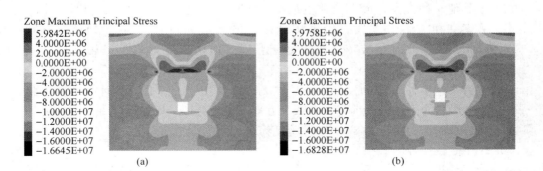

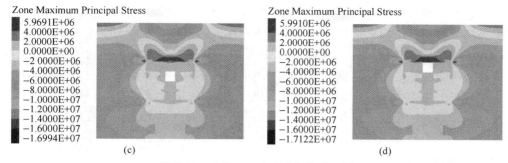

图 6-29 方案一二步采采场位移云图
（a）第1分层；（b）第2分层；（c）第3分层；（d）第4分层

各方案矿体回采过程中各分层采场的最大主应力值见表6-14。各方案开采顶板最大主应力如图6-30所示。

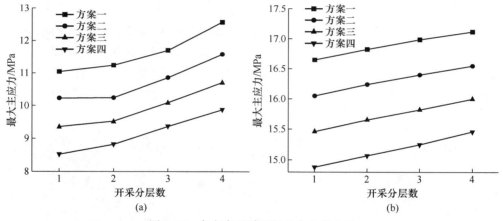

图 6-30 各方案开采顶板最大主应力图
（a）开挖矿房；（b）开挖矿柱

表 6-14 各分层采场最大主应力值

方案	采场位置	第1分层/MPa	第2分层/MPa	第3分层/MPa	第4分层/MPa	平均值/MPa
方案一	矿房	11.04	11.24	11.71	12.57	11.64
	矿柱	16.65	16.83	16.99	17.12	16.89
方案二	矿房	10.23	10.24	10.86	11.59	10.73
	矿柱	16.05	16.24	16.40	16.55	16.31
方案三	矿房	9.34	9.50	10.08	10.70	9.83
	矿柱	15.46	15.65	15.82	16.00	15.53
方案四	矿房	8.53	8.83	9.37	9.88	9.21
	矿柱	14.88	15.07	15.25	15.46	15.13

观察回采最大主应力图可以发现，回采一步采矿房各分层应力场分布相似，即采场开挖后，应力会重新分布，顶板为卸压区，顶板为压应力，最大主应力分布在采场顶部和底角。对表6-14中不同方案各分层采场最大主应力值可以看出方案一和方案二矿房矿柱最大主应力平均值均大于10MPa，而方案三和方案四矿房矿柱最大主应力平均值较小，且相接近，表明在开采深度为 −600m，无锚索支护条件下，一步采矿房断面不宜过大，减小一步采矿房跨度，潜在的冒落可能性降低。结合现场实际情况，此工况下采场结构参数最优方案为方案三，此时矿房跨度为8m，矿柱跨度为7m。

C 塑性区对比分析

塑性区可以反映矿体回采过程中不同区域的稳定情况，FLAC 3D 程序的破坏形式有拉伸破坏和剪切破坏两种。塑性区主要存在于二步矿柱回采过程中，为节约篇幅，在分析二步采时塑性区云图仅以各方案矿柱第1分层开采为例进行对比分析。

从图 6-31 可以看出，二步采时，随着一步采跨度的减小，塑性区面积逐渐减小。从图 6-31 可以看出，塑性区主要分布于矿柱两侧，破坏模式主要为剪切破坏，随着一步采跨度的增加，剪切破坏逐渐增加。拉伸破坏主要存在于第4分层矿柱两侧。总体结果表明，在开采深度为 −600m，无锚索支护条件下，一步采矿房断面不宜过大。

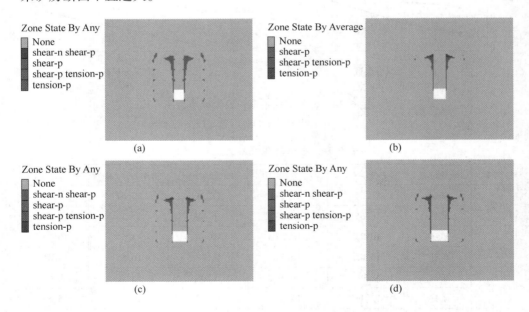

图 6-31　各方案二步采矿柱第 1 分层塑性区云图
（a）方案一；（b）方案二；（c）方案三；（d）方案四

6.3.3.2 工况二：开采深度 -600m，有锚索支护

由于锚索在矿柱一分层开挖后施工，一步矿房开采结果与4.3.1中相同，此小结重点分析施工锚索后二步矿柱开采模拟结果。

A 位移模拟结果分析

篇幅所限，只展示方案一施工锚索后二步采矿柱顶板位移云图，方案一矿柱各分层采场位移如图6-32所示。所有方案二步矿柱开采顶板位移见表6-15。各方案开采顶板累计位移如图6-33所示。

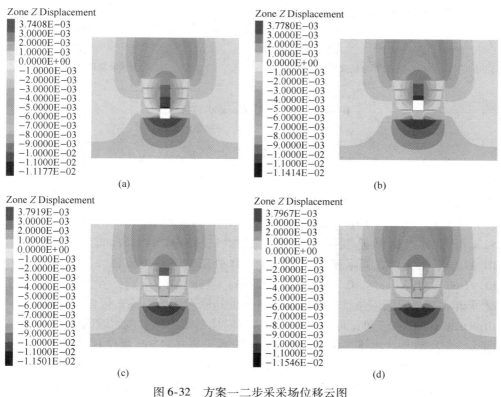

图 6-32　方案一二步采采场位移云图

（a）第1分层；（b）第2分层；（c）第3分层；（d）第4分层

表 6-15　各方案二步采采场顶板累计位移

分层数	开挖	顶板累计位移/mm			
		方案一	方案二	方案三	方案四
1	矿柱	11.18	10.98	11.69	11.34
2		11.41	10.31	11.51	10.88
3		11.50	9.53	11.42	10.59
4		11.55	9.41	10.99	10.23

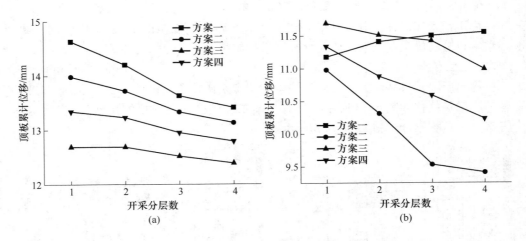

图 6-33　各方案开采顶板累计位移图

(a) 无锚索开挖矿柱；(b) 有锚索开挖矿柱

分析表 6-15 中数据可知，4 种方案在进行二步矿柱开采时，方案一在开采矿柱 1、2、3 和 4 分层时，其顶板累计位移值分别为 11.18mm、11.41mm、11.50mm 和 11.55m；方案二在开采矿柱 1、2、3 和 4 分层时，其顶板累计位移值分别为 10.98mm、10.91mm、9.53mm 和 9.41mm；方案三在开采矿柱 1、2、3 和 4 分层时，其顶板累计位移值分别为 11.69mm、11.51mm、11.42mm 和 10.99mm；方案四在开采矿柱 1、2、3 和 4 分层时，其顶板累计位移值分别为 12.91mm、11.34mm、10.88mm 和 10.23mm。当施加锚索后，各方案开采矿柱 2、3 和 4 分层时顶板位移均有所减小，分析其原因认为，锚索限制了顶板下沉，由图 6-34 和图 6-35 对比可以发现，施加锚索后，图中深蓝色区域面积有所减小，即顶板位移减小。此外，在施加锚索后，方案二和方案三顶板位移较接近，结合现场实际情况及开采经验，当开采深度为 –600m，二步采矿柱有锚索支护时，综合理论计算及数值分析，在兼顾安全及高效的前提下，认为方案二更为合理，更加适合寺庄矿区矿体的回采，此时矿房跨度为 9m，矿柱跨度为 6m。

B　最大主应力对比分析

由于篇幅所限，只展示方案一采场开采最大主应力云图，矿房、矿柱各分层采场位移如图 6-34 和图 6-35 所示。所有方案采场开采顶板最大主应力如图 6-36 所示。

各方案矿柱回采过程中各分层采场的最大主应力值见表 6-16。

观察回采最大主应力图可以发现，回采二步采矿柱各分层应力场分布相似，即采场开挖后，应力会重新分布，顶板为卸压区，顶板为压应力，最大主应力分布在采场顶部和底角。对比表 6-16 中不同方案各分层采场最大主应力值可以看

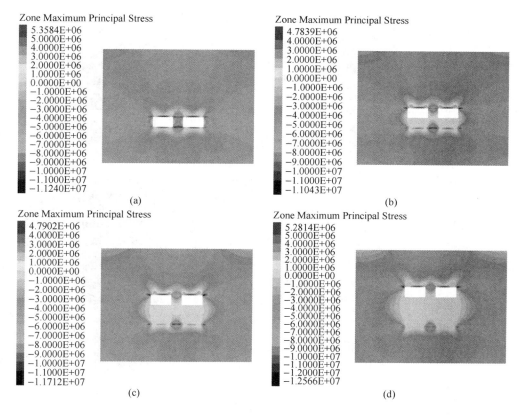

图 6-34 方案———步采采场最大主应力云图

（a）第 1 分层；（b）第 2 分层；（c）第 3 分层；（d）第 4 分层

表 6-16 各分层采场最大主应力值

方案	采场位置	第 1 分层/MPa	第 2 分层/MPa	第 3 分层/MPa	第 4 分层/MPa	平均值/MPa
方案一	矿柱	14.65	14.68	14.87	14.94	14.79
方案二	矿柱	13.59	13.68	14.05	14.09	13.92
方案三	矿柱	13.45	13.56	13.98	14.01	13.85
方案四	矿柱	13.64	13.76	13.91	14.21	13.89

出施加锚索后，各方案顶板最大主应力均有所减小，方案一矿房矿柱最大主应力平均值较大，而方案二、方案三和方案四矿房矿柱最大主应力平均值较小，且相接近，说明长锚索在控制顶板沉降，提高采场稳定性方面，效果显著。这表明在开采深度为 −600m，有锚索支护条件下，一步采矿房断面不宜过大，减小一步采矿房跨度，潜在的冒落可能性降低。结合现场实际情况，此工况下采场结构参数最优方案为方案二，此时矿房跨度为 9m，矿柱跨度为 6m。

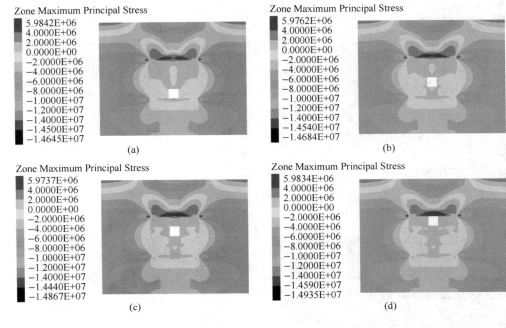

图 6-35　方案一二步采采场位移云图
（a）第 1 分层；（b）第 2 分层；（c）第 3 分层；（d）第 4 分层

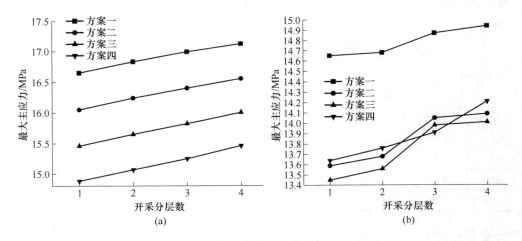

图 6-36　各方案开采顶板最大主应力图
（a）无锚索开挖矿柱；（b）有锚索开挖矿柱

C　塑性区对比分析

塑性区可以反映矿体回采过程中不同区域的稳定情况，FLAC 3D 程序的破坏形式有拉伸破坏和剪切破坏两种。塑性区主要存在于二步矿柱回采过程中，为节约篇幅，在分析二步回采时塑性区云图仅以各方案矿柱第1分层开采为例进行对比分析。

从图6-37可以看出，二步采时，随着一步采跨度减小，塑性区面积逐渐减小。从图上可以看出，塑性区主要分布于矿柱两侧，破坏模式主要为剪切破坏，随着一步采跨度的增加，剪切破坏逐渐增加。拉伸破坏主要存在于第4分层矿柱两侧。相比于无锚索支护，方案二中塑性区明显减小，说明长锚索在控制顶板沉降，提高采场稳定性方面，效果显著。总体结果表明，在开采深度为 −600m，有锚索支护条件下，一步采矿房断面可根据实际情况放大。此工况下采场结构参数最优方案为方案二，此时矿房跨度为9m，矿柱跨度为6m。

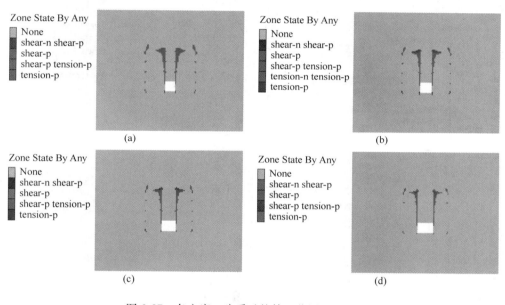

图6-37　各方案二步采矿柱第1分层塑性区云图

（a）方案一；（b）方案二；（c）方案三；（d）方案四

6.3.3.3　工况三：开采深度 −700m，无锚索支护

A　位移模拟结果分析

由于篇幅所限，只展示方案一采场开采位移云图，矿房、矿柱各分层采场位移如图6-38和图6-39所示。所有方案采场开采位移见表6-17。各方案开采顶板累计位移如图6-40所示。

分析表6-17中数据可知，4种方案在进行矿房开采时，顶板位移值均小于10mm，处于安全稳定范围，但方案一和方案二矿房顶板位移较方案三和方案四更大，方案三和方案四矿房顶板位移值相对较小，处于小变形范围，方案一和方案二矿房顶板属于较大变形范围。矿房回采、充填完毕，进行二步矿柱开采，方案三在开采矿柱1、2、3和4分层时，其顶板累计位移值分别为15.92mm、

15.79mm、15.51mm 和 15.34mm；方案四在开采矿柱 1、2、3 和 4 分层时，其顶板累计位移值分别为 15.11mm、15.10mm、14.93mm 和 14.79mm，分析其原因认为，当一步采跨度过大时，二步采矿柱两侧充填体跨度较大，无法提供矿柱所需要的支撑作用力，导致矿柱顶板下沉位移较大，因此方案一、二和三选取应该慎重考虑。方案四开采矿柱第 1、2、3 和 4 分层时其顶板位移最大位移值最小，此时可认为矿柱顶板处于相对稳定状态。

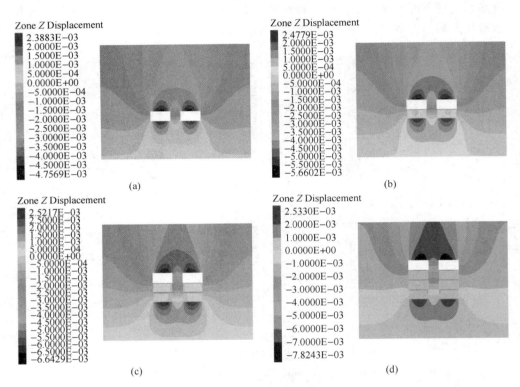

图 6-38　一步采采场位移云图

（a）第 1 分层；（b）第 2 分层；（c）第 3 分层；（d）第 4 分层

表 6-17　各方案采场顶板累计位移

分层数	开挖	顶板累计位移/mm				开挖	顶板累计位移/mm			
		方案一	方案二	方案三	方案四		方案一	方案二	方案三	方案四
1	矿房	4.76	4.08	3.50	2.96	矿柱	17.53	16.71	15.92	15.11
2		5.66	4.85	4.14	3.49		17.01	16.42	15.79	15.10
3		6.64	5.67	4.82	4.06		16.49	16.02	15.51	14.93
4		7.82	6.64	5.62	4.71		16.26	15.82	15.34	14.79

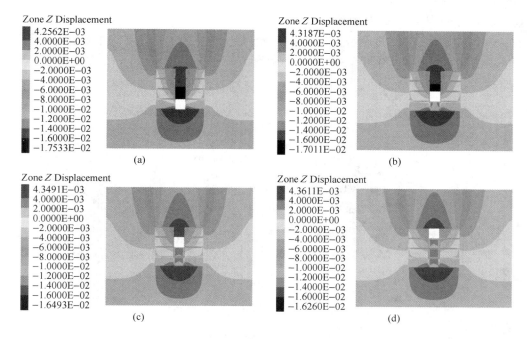

图 6-39 二步采采场位移云图

（a）第 1 分层；（b）第 2 分层；（c）第 3 分层；（d）第 4 分层

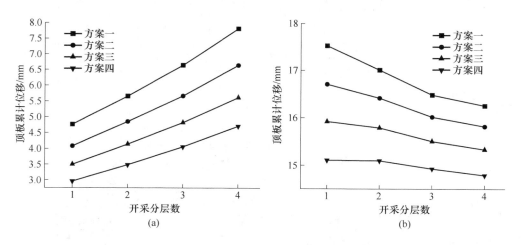

图 6-40 各方案开采顶板累计位移图

（a）开挖矿房；（b）开挖矿柱

当开采深度为 -700m，二步采矿柱无锚索支护时，综合理论计算及数值分析，在兼顾安全及高效的前提下，认为方案四更为合理，更加适合寺庄矿区矿体的回采，此时矿房跨度为 7m，矿柱跨度为 8m。

B　最大主应力对比分析

由于篇幅所限，只展示方案一采场开采最大主应力云图，矿房、矿柱各分层采场位移如图 6-41 和图 6-42 所示。所有方案开采顶板最大主应力如图 6-43 所示。

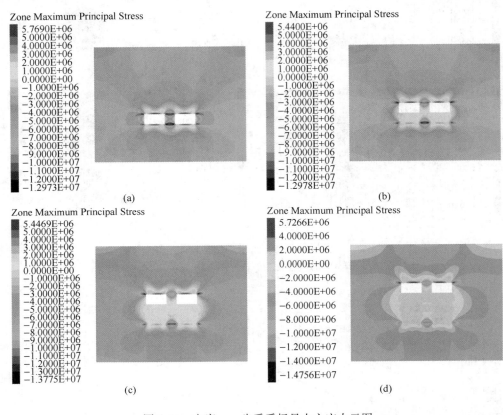

图 6-41　方案——步采采场最大主应力云图

（a）第 1 分层；（b）第 2 分层；（c）第 3 分层；（d）第 4 分层

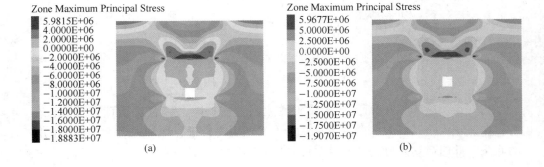

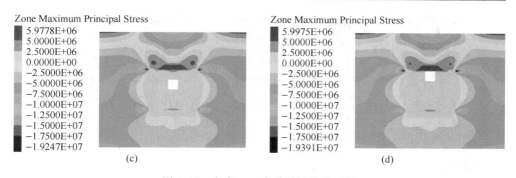

图 6-42 方案一二步采采场位移云图

(a) 第 1 分层；(b) 第 2 分层；(c) 第 3 分层；(d) 第 4 分层

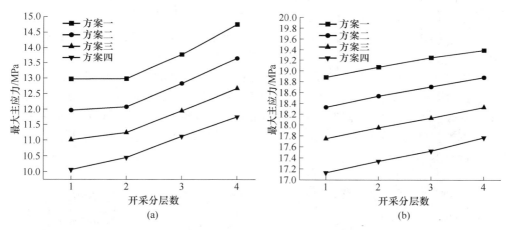

图 6-43 各方案开采顶板最大主应力图

(a) 开挖矿房；(b) 开挖矿柱

各方案矿体回采过程中各分层采场的最大主应力值见表 6-18。

表 6-18 各分层采场最大主应力值

方案	采场位置	第 1 分层/MPa	第 2 分层/MPa	第 3 分层/MPa	第 4 分层/MPa	平均值/MPa
方案一	矿房	12.97	12.98	13.78	14.76	13.62
	矿柱	18.88	19.07	19.25	19.39	19.15
方案二	矿房	11.97	12.08	12.83	13.65	12.61
	矿柱	18.33	18.54	18.71	18.88	18.62
方案三	矿房	11.01	11.24	11.95	12.67	11.69
	矿柱	17.75	17.95	18.13	18.33	18.01
方案四	矿房	10.06	10.45	11.12	11.75	10.85
	矿柱	17.13	17.34	17.53	17.77	17.44

　　观察回采最大主应力图可以发现，回采一步采矿房各分层应力场分布相似，即采场开挖后，应力会重新分布，顶板为卸压区，两帮为压应力，最大主应力分布在采场顶部和底角。对比表 6-18 中不同方案各分层采场最大主应力值可以看出方案一和方案二矿房矿柱最大主应力平均值均大于 10MPa，而方案三和方案四矿房矿柱最大主应力平均值较小，且相接近，表明在开采深度为 -700m，无锚索支护条件下，一步采矿房断面不宜过大，减小一步采矿房跨度，潜在的冒落可能性降低。结合现场实际情况，此工况下采场结构参数最优方案为方案三，此时矿房跨度为 7m，矿柱跨度为 8m。

　　C　塑性区对比分析

　　塑性区可以反映矿体回采过程中不同区域的稳定情况，FLAC 3D 程序的破坏形式有拉伸破坏和剪切破坏两种。塑性区主要存在于二步矿柱回采过程中，为节约篇幅，在分析二步采时塑性区云图仅以各方案矿柱第 1 分层开采为例进行对比分析。

　　从图 6-44 可以看出，二步采时，随着一步采跨度的减小，塑性区面积逐渐减小。从图上可以看出，塑性区主要分布于矿柱两侧，破坏模式主要为剪切破坏，随着一步采跨度的增加，剪切破坏逐渐增加。拉伸破坏主要存在于第 4 分层矿柱两侧。总体结果表明，在开采深度为 -700m，无锚索支护条件下，一步采矿房断面不宜过大。

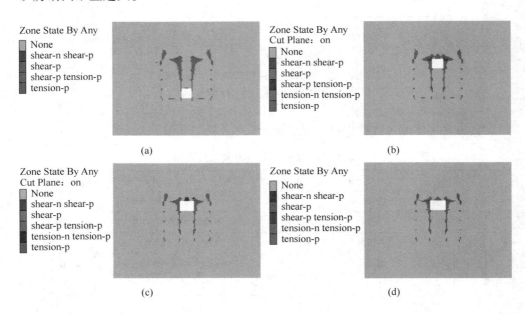

图 6-44　各方案二步采矿柱第 1 分层塑性区云图
（a）方案一；（b）方案二；（c）方案三；（d）方案四

6.3.3.4 工况四：开采深度 −700m，有锚索支护

由于锚索在矿柱 1 分层开挖后施工，一步矿房开采结果与 4.3.2 节中相同，本小节重点分析施工锚索后二步矿柱开采模拟结果。

A 位移模拟结果分析

篇幅所限，只展示方案一施工锚索后二步采矿柱顶板位移云图，方案一矿柱各分层采场位移如图 6-45 所示。所有方案二步矿柱开采顶板位移见表 6-19。各方案开采顶板累计位移如图 6-46 所示。

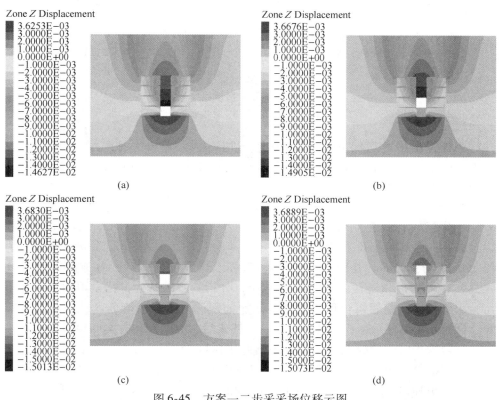

图 6-45 方案一二步采采场位移云图

（a）第 1 分层；（b）第 2 分层；（c）第 3 分层；（d）第 4 分层

表 6-19 各方案二步采采场顶板累计位移

分层数	开挖	顶板累计位移/mm			
		方案一	方案二	方案三	方案四
1	矿柱	14.63	13.98	12.69	13.34
2		14.91	14.01	12.89	13.86
3		15.01	14.21	13.11	14.02
4		15.07	14.59	13.42	14.55

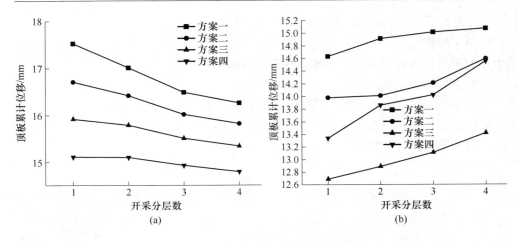

图 6-46　各方案开采顶板累计位移图
（a）无锚索开挖矿柱；（b）有锚索开挖矿柱

　　分析表 6-19 中数据可知，4 种方案在进行二步矿柱开采时，方案一在开采矿柱 1、2、3 和 4 分层时，其顶板累计位移值分别为 14.63mm、14.91mm、15.01mm 和 15.07mm；方案二在开采矿柱 1、2、3 和 4 分层时，其顶板累计位移值分别为 13.98mm、14.01mm、14.21mm 和 14.59mm；方案三在开采矿柱 1、2、3 和 4 分层时，其顶板累计位移值分别为 12.69mm、12.89mm、13.11mm 和 13.42mm；方案四在开采矿柱 1、2、3 和 4 分层时，其顶板累计位移值分别为 13.34mm、13.86mm、14.02mm 和 14.55mm。当施加锚索后，各方案开采矿柱 1、2、3 和 4 分层时顶板位移均有所减小，分析其原因认为，锚索限制了顶板下沉，由施加锚索前后对比可以发现，施加锚索后，图中深蓝色区域面积有所减小，即顶板位移区域减小。此外，在施加锚索后，方案三和方案四顶板位移较接近，结合现场实际情况及开采经验，当开采深度为 -700m，二步采矿柱有锚索支护时，综合理论计算及数值分析，在兼顾安全及高效的前提下，认为方案三更为合理，更加适合寺庄矿区矿体的回采，此时矿房跨度为 8m，矿柱跨度为 7m。

　　B　最大主应力对比分析

　　由于篇幅所限，只展示方案一采场开采最大主应力云图，矿柱各分层采场位移如图 6-47 所示。所有方案采场开采位移顶板最大主应力如图 6-48 所示。

　　各方案矿柱回采过程中各分层采场的最大主应力值见表 6-20。

　　观察回采最大主应力图可以发现，回采二步采矿柱各分层应力场分布相似，即采场开挖后，应力会重新分布，顶板为卸压区，顶板为压应力，最大主应力分布在采场顶部和底角。对比表 6-20 中不同方案各分层采场最大主应力值可以看出施加锚索后，各方案顶板最大主应力均有所减小，方案一矿房矿柱最大主应力平均值较大，而方案二、方案三和方案四矿房矿柱最大主应力平均值较小，且相

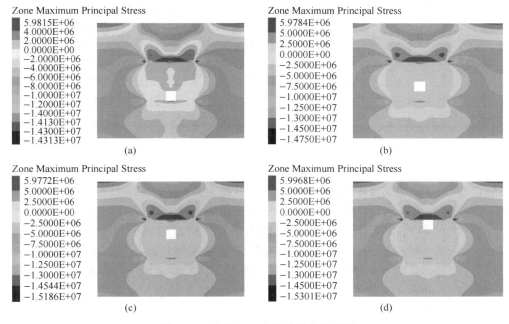

图 6-47　方案一二步采采场位移云图

（a）第 1 分层；（b）第 2 分层；（c）第 3 分层；（d）第 4 分层

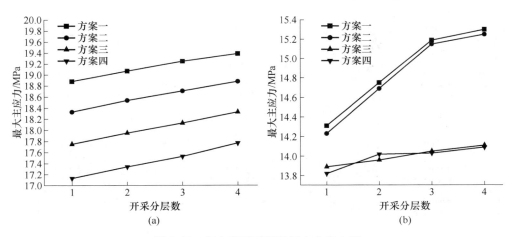

图 6-48　各方案开采顶板最大主应力图

（a）无锚索开挖矿柱；（b）有锚索开挖矿柱

接近，说明长锚索在控制顶板沉降，提高采场稳定性方面，效果显著。这表明在开采深度为 -600m，有锚索支护条件下，一步采矿房断面不宜过大，减小一步采矿房跨度，潜在的冒落可能性降低。结合现场实际情况，此工况下采场结构参数最优方案为方案二，此时矿房跨度为 8m，矿柱跨度为 7m。

表 6-20　各分层采场最大主应力值

方案	采场位置	第 1 分层/MPa	第 2 分层/MPa	第 3 分层/MPa	第 4 分层/MPa	平均值/MPa
方案一	矿柱	14.31	14.75	15.19	15.30	14.83
方案二	矿柱	14.23	14.69	15.15	15.25	14.76
方案三	矿柱	13.89	13.96	14.05	14.11	14.01
方案四	矿柱	13.82	14.02	14.03	14.09	14.01

C　塑性区对比分析

塑性区可以反映矿体回采过程中不同区域的稳定情况，FLAC 3D 程序的破坏形式有拉伸破坏和剪切破坏两种。塑性区主要存在于二步矿柱回采过程中，为节约篇幅，在分析二步采时塑性区云图仅以各方案矿柱第 1 分层开采为例进行对比分析。

从图 6-49 可以看出，二步采时，随着一步采跨度的减小，塑性区面积逐渐减小。从图上可以看出，塑性区主要分布于矿柱两侧，破坏模式主要为剪切破坏，随着一步采跨度的增加，剪切破坏逐渐增加。拉伸破坏主要存在于第 4 分层矿柱两侧。相比于无锚索支护，方案二中塑性区明显减小，说明长锚索在控制顶板沉降，提高采场稳定性方面，效果显著。总体结果表明，在开采深度为 −700m，有锚索支护条件下，一步采矿房断面可根据实际情况放大。此工况下采场结构参数最优方案为方案二，此时矿房跨度为 8m，矿柱跨度为 7m。

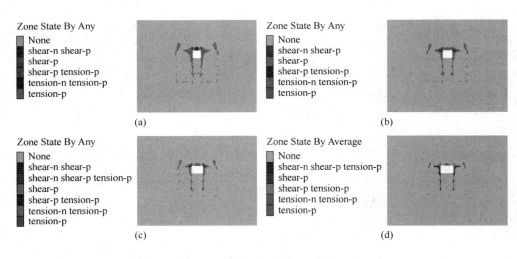

图 6-49　各方案二步采矿柱第 1 分层塑性区云图
(a) 方案一；(b) 方案二；(c) 方案三；(d) 方案四

6.3.4　采场结构参数动态优化结果

根据各工况下不同回采方案数值模拟计算结果及分析，得到以下采场结构参数动态优化结果，见表6-21。

表6-21　采场结构参数动态优化结果

开采深度/m	矿柱回采有无锚索支护	最优采场结构参数
-600	无锚索支护	方案三：矿房8m，矿柱7m
-600	有锚索支护	方案三：矿房9m，矿柱6m
-700	无锚索支护	方案三：矿房7m，矿柱8m
-700	有锚索支护	方案三：矿房8m，矿柱7m

综合理论计算及数值分析，并结合现场实际情况，在兼顾安全及高效的前提下，当开采深度为 -600m，二步采矿柱无锚索支护时，认为方案三更为合理，更加适合寺庄矿区矿体的回采，此时矿房跨度为8m，矿柱跨度为7m。当开采深度为 -600m，二步采矿柱有锚索支护时，认为方案二更为合理，更加适合寺庄矿区矿体的回采，此时矿房跨度为9m，矿柱跨度为6m。当开采深度为 -700m，二步采矿柱无锚索支护时，认为方案四更为合理，更加适合寺庄矿区矿体的回采，此时矿房跨度为7m，矿柱跨度为8m。当开采深度为 -700m，二步采矿柱有锚索支护时，认为方案三更为合理，更加适合寺庄矿区矿体的回采，此时矿房跨度为8m，矿柱跨度为7m。

6.4　二步采矿柱顶板稳定性锚索控制参数研究

目前焦家金矿正在寺庄矿区进行上行水平大断面进路充填法试验开采工作，采用隔一采一的方式进行，根据本文的研究成果，矿房跨度9.0m，矿柱尺寸为6.0m，一步采矿房采用管缝式锚杆＋金属网或金属条带联合支护形式，考虑到一步采过程中频繁的扰动对矿柱稳定性的影响，拟采用长锚索支护的形式进行稳定性控制，因此有必要针对试验采场二步采时的锚索支护技术进行研究。

6.4.1　数值模拟建模

6.4.1.1　模型建立

采用FLAC 3D进行数值模拟研究，针对试验采场情况进行建模，如图6-50所示。

在实体模型中进一步分组，划分出上盘、下盘和矿体后，在矿体中划分采场和联道及运输巷道，这样模拟出三维动态开采效果，模型尺寸为150m×120m×110m。物理力学参数和应力初始条件与前述章节相同。

本次模拟将后续开挖的分层进行分组，便于开挖计算和充填体回填，采用一

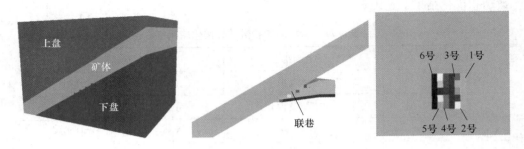

图 6-50   实体模型

次性、全断面开挖整条分层。开挖前先进行长锚索支护,后进行计算,分析计算每一分层开挖后应力大小、位移情况、塑性区体积。通过对比不同支护参数下的岩石力学行为,综合矿山开采实际情况得出最优支护设计。本次模拟先开挖 2 号、5 号矿柱,而后开挖 4 号矿柱,一次开挖高度 5m,宽度为矿柱全宽,开挖计算完毕后进行充填体回填,依次往上回采至第 4 分层开挖结束。

6.4.1.2   支护参数选取

在数值模拟过程中,锚杆长度为 15m,拟采用 2m × 2m、2m × 3m、2m × 4m 3 种间排距的锚索支护形式作为模拟回采的 3 个方案,外加一个无支护条件下矿柱回采作为对照试验。通过对比分析岩石的破坏情况、顶板的下移量、塑性区体积大小等,得出最优的支护参数,详见表 6-22。

表 6-22   锚索参数

参　　数	方案二	方案三	方案一	对照方案
锚索间距/m	2	2	2	—
锚索排距/m	2	3	4	—

锚索材料属性参数见表 6-23。

表 6-23   锚索材料属性

横截面积/m²	杨氏模量	抗拉屈服强度/MPa	灌浆黏结强度/MPa
1.81×10^{-4}	9.86×10^{7}	5	0.175

6.4.2   不同支护参数下回采过程模拟结果分析

根据岩石力学响应情况,分别从塑性区、应力、位移情况分析研究,在 3 种支护方式下得到的力学响应结果与未支护的对照试验相比较,得出最优的支护设计方案。

6.4.2.1　无支护条件下位移与塑性区变形分析

本方案模拟无支护时矿柱开挖所引起的顶板位移量和塑性区体积量，为之后有支护条件下的力学响应提供参照。模拟 2 号、5 号矿柱第 1、2、3、4 分层依次开挖和充填，第 4 分层开采充填完毕后开挖 4 号矿柱，下面对其位移量和塑性区进行分析。

A　矿柱回采过程位移分析

第 1 分层回采时，2 号矿柱两翼为 1 号、3 号矿房的充填体，故而顶板位移量比 5 号矿柱的位移量大，位移呈扁椭球状，由中间向四周递减延伸，最大下沉位移在采场中部为 5.53mm，开采时对中间部位要进行有效支护，避免冒顶事故发生。5 号矿柱一翼为充填体另一翼为矿体，位移量较 2 号矿柱顶板少，在回采支护时可适当扩大锚杆支护的间排距，回采过程位移如图 6-51 所示。

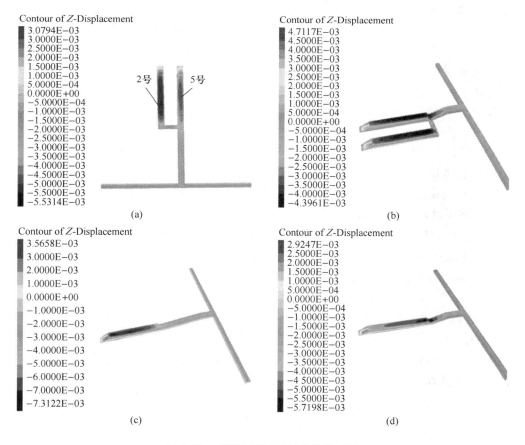

图 6-51　对照方案回采过程位移云图

（a）2 号、5 号矿柱第 1 分层回采；（b）2 号、5 号矿柱第 4 分层回采；

（c）4 号矿柱第 1 分层回采；（d）4 号矿柱第 4 分层回采

开采第 2 分层时，顶板位移量较第 1 分层变化不大，最大下沉位移量为 5.25mm，但第 2 层开采是在第 1 层充填以后开始作业，底板充填体强度较岩石相比较低，在地压显现时变形位移量增大，最大底板位移为 4.16mm，整体来说位移与第 1 层开采相似。第 3 层开采时，前面两层开挖对周围应力成一定的扰动卸压的作用，加之充填体对应力有吸收转移的功能，开挖后顶板最大位移量为 4.90mm，位移量较前两层开采要少，但整体位移量有所增加，由于联络道与 5 号矿柱直接相连，故巷道交叉口处位移较大，要加强支护。第 4 层开挖时，顶板位移量进一步减少，最大下沉位移量为 4.39mm，这时 2 号与 5 号采场的总体位移量较多，且联巷与沿脉巷的位移也不容轻视，要注重联道的支护工作。2 号、5 号矿柱开采完毕后进行充填，然后开掘联道直通 4 号矿柱，对其进行回采。4 号矿柱两翼为充填体，第 1 层开挖后位移量较大，最大下沉位移量为 7.31mm，其中位移较大区域中心靠近矿体上盘，故开挖时要注重矿体上盘的支护，防止冒顶等危险事故发生。第 2 层开挖后，顶板最大下沉位移量减少为 6.80mm，但整体下沉量较多，大部分位移较大区域集中在采场中轴线上，位移有向联道发展的趋势。第 3 层开挖后，顶板位移量得到有效缓解，最大下沉位移量为 6.19mm，整体位移量不多，主要集中在采场中心靠联巷的位置。第 4 层开挖后，顶板最大位移量为 5.72mm，位移云图偏于联道，故开挖时要注意联巷与采场连接处的支护工作。

　　B　矿柱回采过程塑性区分析

在 FLAC 3D 计算中，可显示符合摩尔库仑屈服准则的应力区域，以观察研究区域潜在破坏的范围及破坏机制。为了方便比较不同方案中塑性区分布情况，将开挖区域作为重点研究区域的塑性区分布图展现出来，同时通过编写 FLAC 3D 可识别的 FISH 语言，将不同状态的塑性区的体积进行统计，便于比较塑性变形量。

由图 6-51 可知，2 号、5 号矿柱第 1 层开采时塑性区面积较大，在靠近矿体上盘处已经出现不少剪切破坏，要注意下盘附近顶板冒落事故的发生。其他附近塑性破坏区域较多，开采时要注意顶板浮石的存在，做好排险工作，同时两翼充填体也有着不同程度的塑性破坏，如图 6-52 所示。

据 FISH 语言统计塑性区体积来看，已经处于剪切破坏体积高达 5290m³，拉伸破坏体积为 262.39m³，且塑性区之间有贯通的趋势，在未支护下易发生楔形体或倒三角冒落。第 2 层开挖后矿体上盘拉伸破坏有扩大趋势，在采场与联道交汇处剪切破坏较多，联巷的中轴线存在拉伸破坏，巷道顶角处有剪切破坏叠加，有石块冒落的可能。第 3 层开挖后塑性区面积得到一定程度的缓解，顶板剪切破坏区域较少，矿体上盘处拉伸破坏也较前两次开挖少。整体稳定性较上两次开挖好，但通往 5 号采场的联巷顶板出现拉伸破坏，在联巷与采场及联道处破坏区域有所增加，应对其支护工作引起重视。第 4 层开挖后，整体塑性区较少，破坏区域也较前几次开挖少，主要存在于矿体上盘和联巷与采场交汇处，5 号采场顶角

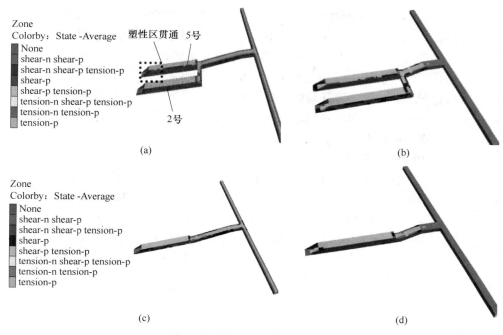

图 6-52 回采过程塑性区分布云图

(a) 2 号、5 号矿柱第 1 分层回采；(b) 2 号、5 号矿柱第 4 分层回采；
(c) 4 号矿柱第 1 分层回采；(d) 4 号矿柱第 4 分层回采

处存在剪切破坏，整体而言稳定性较好。2 号、5 号开采完毕后对采场进行充填，2 号采场用非胶结充填，5 号采场要在 4 号采场开采时发挥矿柱的作用，故此要进行胶结充填。4 号采场第 1 层开挖后大量剪切破坏主要在联巷与采场交汇处，下盘也有少许拉伸破坏，其余 2、3、4 层开挖后的塑性区分布与第 1 层相似，有逐渐减少的趋势，主要都分布在断面变化较大的区域和矿体上盘处，故此，这两部分的支护工作要引起重视。表 6-24 为不同开采层下塑性区（shear-p、shear-n、tension-n、tension-p）体积统计情况。

表 6-24 未支护下四类塑性区体积统计表

塑性区体积/m³	2,5 号-1	2,5 号-2	2,5 号-3	2,5 号-4	4 号-1	4 号-2	4 号-3	4 号-4
shear-n	5290. 57	6234. 39	6289. 34	5972. 49	2568. 08	2393. 4	2194. 73	2529. 83
tension-n	262. 39	252. 64	192. 31	71. 15	183. 32	187. 32	97. 96	67. 6
shear-p	16401. 2	15649. 4	15564. 4	15428. 5	20664. 5	20494	20486. 2	20334. 7
tension-p	5023. 05	6122. 89	6122. 89	6306. 63	4974. 32	5695. 4	5548. 75	5331. 41

6.4.2.2 2m×2m 支护条件下位移与塑性区变形分析

A 矿柱回采过程位移分析

2 号、5 号采场第 1 层开采后，位移主要集中在 2 号采场顶板中间部位，呈椭球状分布，长轴方向为采场走向，顶板最大下沉位移量为 4.29mm，且位移相对比较集中，5 号采场位移量较少为 2.50mm，下沉位移分布比较均匀，说明支护效果很好。

　　第 2 层开采后，2 号采场顶板位移量减少至 3.96mm，位移分布比较扩散，整个采场下沉位移量较大，平均约为 3.50mm，5 号采场中靠近充填体一侧顶板下沉位移有所增加。第 3 层开采后，采场整体位移量进一步减少，在 2 号采场顶板位移最大下沉量为 3.68mm，位移云图中心偏向于采场与联道交汇处，总体位移量较小，支护整体性较好。第 4 层开挖后，采场顶板下沉量进一步减少，在 2 号采场顶板中线最大下沉量为 3.13mm，无论是最大位移量还是总体下沉量都较前三次开挖少，长锚索控顶效果显著。开采 4 号采场时，周围均是充填体作为支撑矿柱，故开采难度较大。4 号采场 1 分层开采后顶板下沉为 5.74mm，位移较大区域集中在顶板中间位置，其余 3 层开挖后的顶板位移云图与切割层类似，位移量分别 5.33mm、4.89mm、4.12mm，呈逐渐减少趋势，位移总体分布趋于均匀，且云图中心有趋于联巷，回采过程位移如图 6-53 所示。

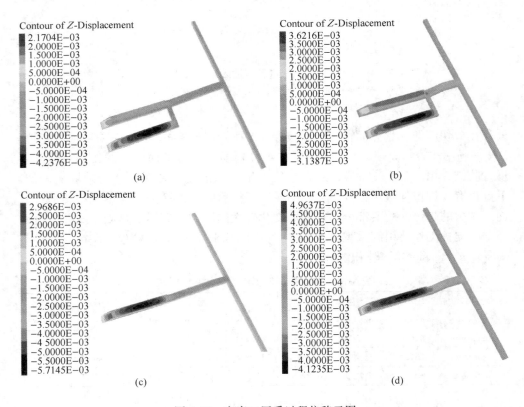

图 6-53　方案二回采过程位移云图

(a) 2 号、5 号矿柱第 1 分层回采；(b) 2 号、5 号矿柱第 4 分层回采；

(c) 4 号矿柱第 1 分层回采；(d) 4 号矿柱第 4 分层回采

　　总体而言，当采用 2m×2m 间排距长锚索支护时采场顶板下沉趋势可得到有效控制，采场安全性进一步提高，位移量均在可控范围内，极少可能出现大面积冒顶事故。

　　B　矿柱回采过程塑性区分析

　　如图 6-54 所示，2 号、5 号采场第 1 层开挖后，采场靠矿体上盘处塑性区明显减少，采场顶板中部以剪切破坏为主，较前面方案相比，塑性破坏区域明显减少，5 号采场塑性区仅在顶板中间小范围内，2 号采场顶板塑性区大部分已经退去，正在发生破坏的区域较少，剪切破坏总量为 956.16m^3，拉伸破坏总量为 118.78m^3。第 2 层开挖后，塑性区面积较第 1 层多，在采场顶板边缘处出现小范围的正在拉伸破坏区域，在排险作业时要注意对其进行敲帮问顶，清除浮石。在联巷靠采场附近出现塑性区，此处因应力集中导致岩石破坏，在作业时应加强支护。第 3 层开挖后，顶板塑性区分布与第二次开挖后的顶板类似，采场顶板边界上也出现少量的拉伸破坏，在排险时要关注是否有浮石。另外，在联巷边缘也存在少许拉伸破坏。第 4 层开挖后，塑性区面积进一步减少，5 号采场顶板塑性区量极少，塑性破坏主要在 2 号采场中间附近，未发现正处于拉伸或剪切破坏区

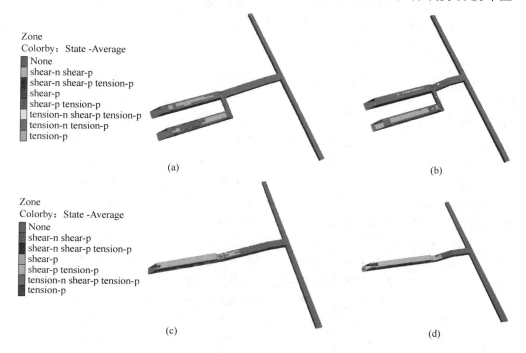

图 6-54　方案二回采过程塑性区分布云图

（a）2 号、5 号矿柱第 1 分层回采；（b）2 号、5 号矿柱第 4 分层回采；

（c）4 号矿柱第 3 分层回采；（d）4 号矿柱第 4 分层回采

域，混合破坏也极少，故此采场稳定性很好。4 号采场 1 分层开采后，采场顶板中正处于剪切或拉伸破坏区域较少，大部分塑性区退去，也就是潜在破坏区域很少，在联巷中出现部分塑性区域。第 2、3、4 层开挖后的塑性区与第 1 层塑性区差异较少。表 6-25 为不同开采层下塑性区（shear-p、shear-n、tension-n、tension-p）体积统计情况。

表 6-25　方案二支护下塑性区体积统计表

塑性区体积/m³	2,5 号-1	2,5 号-2	2,5 号-3	2,5 号-4	4 号-1	4 号-2	4 号-3	4 号-4
shear-n	956.16	1338.04	1586.69	1330.85	854.48	978.59	1108.78	1056.31
tension-n	118.78	150.78	108.89	44.21	48.02	37.44	46.33	7.65
shear-p	1724.29	2448.76	2530.38	2319.17	2998.3	3614.48	3791.28	3461.05
tension-p	3167.01	4142.22	4378.62	3817	2676.82	3133.74	3201.23	2879.53

总体而言，当采用 2m×2m 间排距长锚索支护时采场顶板下沉趋势可得到有效控制，采场塑性破坏也得到缓解，采场安全性进一步提高，采场中极少出现塑性区贯通现象，且顶板的下沉量在可控范围，极少可能出现大面积冒顶事故。对于 5 号采场而言，采用 2m×2m 网度的锚索支护位移量较少，塑性破坏较少。

6.4.2.3　2m×3m 混合支护条件下位移与塑性区变形分析

A　矿柱回采过程位移分析

如图 6-55 所示，2 号、5 号采场第 1 层开采后引起周围岩石力学响应，开挖后采场顶板下沉，最大位移量为 4.40mm，2 号采场与 5 号采场顶板位移存在显著差异，2 号采场位移明显大于 5 号采场，采场底部为岩石，故位移量很少，最大位移量仅为 2.20mm。第 2 层开采后，2 号采场顶板位移量减少至 2.29mm，位移集中在 2 号采场顶板中心位置，并向周围扩散递减，矿体上盘支护效果较好，未出现较大下沉位移。5 号采场位移较少，仅在靠近 6 号采场一侧位移较为明显，约为 3.0mm。第 3 层开采后，采场位移量较第 2 层开挖变化较少，顶板最大位移量为 3.80mm，位移量较大处依然是 2 号采场顶板，位移云图呈团状。第 4 层开挖后，采场顶板下沉量进一步减少，采场最大位移量为 3.22mm，5 号采场位移云图由原先靠充填体一翼处向另一翼扩散。4 号采场 1 分层开采后顶板下沉量为 5.74mm，位移集中分布顶板中心位置，并向四周扩散递减，矿体上盘附近位移量较少，其余 3 层开挖后的顶板位移云图与切割层类似，下沉位移量分别为 5.33mm、5.00mm、4.23mm。位移量总体分布趋于均匀，且中心又趋于联巷。

总体而言，当采用 2m×3m 间排距长锚索支护时采场顶板下沉趋势同样可得到有效控制，采场稳定性可得到有效保障。故此，对于 5 号采场而言，采用 2m×2m 网度的锚索支护也可得到较好的支护效果。

B　矿柱回采过程塑性区分析

如图 6-56 所示，2 号、5 号采场第 1 层开挖后，采场顶板发生拉伸、剪切破

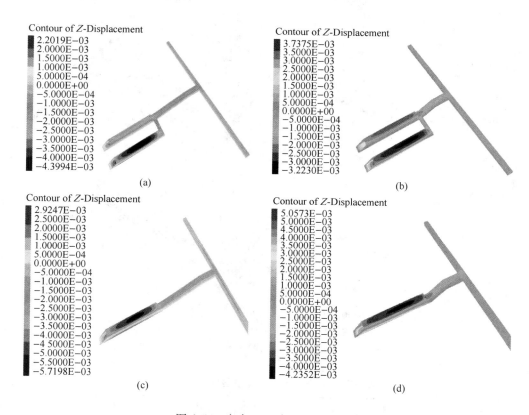

图 6-55 方案三回采过程位移云图

（a）2 号、5 号矿柱第 1 分层回采；（b）2 号、5 号矿柱第 4 分层回采；

（c）4 号矿柱第 3 分层回采；（d）4 号矿柱第 4 分层回采

坏塑性区较多，但大部分塑性区已经退去，正处于拉伸破坏区域甚少，采场剪切破坏总量为 1008.94m³，拉伸破坏总量为 261.39m³。第 2 层开挖后，在采场顶板边缘处出现小范围的正在拉伸破坏区域，进入采场应对其进行敲帮问顶，撬去危岩。联巷靠采场附近零星出现剪切破坏，在部分区域应加强支护。第 3 层开挖后，顶板塑性区分布与第 2 次开挖后的顶板类似，采场顶板边界上也出现少量的拉伸破坏，在排险时要关注是否有浮石。另外，在联巷边缘也存在少许拉伸破坏。第 4 层开挖后，采场顶板塑性区分布情况与第 3 层开挖后的相似，正在破坏的区域较少。4 号采场 1 分层开采后，采场顶板出现剪切与拉伸混合破坏，故此局部支护工作要加强采场塑性区较为复杂，但大部分塑性区退去。在采场与联巷连接处有正处于拉伸—剪切破坏区域，为应力集中所致，要对该区域加强支护。第 2、3、4 层开挖后的塑性区与第 1 层塑性区差异较少。表 6-26 为方案三支护下塑性区体积统计情况。

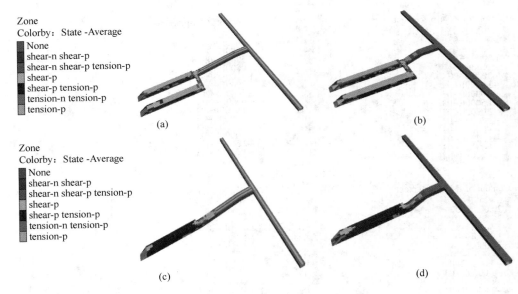

图 6-56　方案三回采过程塑性区分布云图

（a）2 号、5 号矿柱第 1 分层回采；（b）2 号、5 号矿柱第 4 分层回采；
（c）4 号矿柱第 3 分层回采；（d）4 号矿柱第 4 分层回采

表 6-26　方案三支护下塑性区体积统计表

体积/m³	2,5 号-1	2,5 号-2	2,5 号-3	2,5 号-4	4 号-1	4 号-2	4 号-3	4 号-4
shear-n	1008.94	1443.12	1535.37	1229.01	1264.76	1489.04	1487.39	1316.41
tension-n	124.97	191.1	115.35	53.28	126.02	118.38	76.05	49.53
shear-p	2090.48	3000.78	3258.17	2903.62	4038.19	4704.89	5076.24	4744.59
tension-p	3391.44	4397.83	4460.87	3967.03	3426.76	3910.15	3903.72	3661.24

　　总体而言，当采用 2m×3m 间排距长锚索支护时采场顶板下沉趋势同样可得到有效控制，采场内塑性区贯通得到有效控制，出现大面积冒顶可能性极小，采场稳定性可得到有效保障。

6.4.2.4　2m×4m 支护条件下位移与塑性区变形分析

A　矿柱回采过程位移分析

　　如图 6-57 所示，2 号、5 号采场第 1 层开采后，顶板位移主要分布在采场中部，呈扁椭球状，2 号采场两翼为充填体矿柱，承压性能不如岩柱，故位移量较大，顶板下沉位移量最大为 4.97mm。通过对比前面的对照方案（即无支护），采用 2m×4m 间排距的长锚索支护后，顶板的位移显著减少，安全性明显提高。第 2 层开采后，2 号采场顶板位移量较少，为 4.64mm，位移云图分布与第 1 层

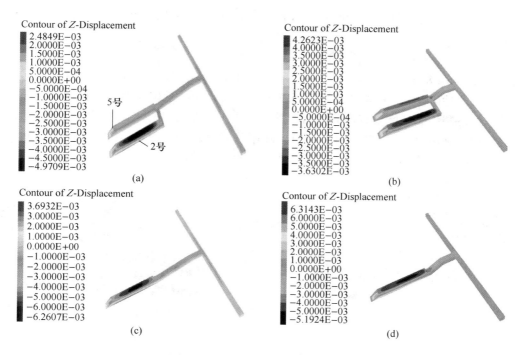

图 6-57　方案一回采过程位移云图
（a）2 号、5 号矿柱第 1 分层回采；（b）2 号、5 号矿柱第 4 分层回采；
（c）4 号矿柱第 1 分层回采；（d）4 号矿柱第 4 分层回采

开采类似，但 5 号采场中的顶板位移有所增加，位移量较大区域靠近 6 号采场（即充填体矿柱），说明在岩柱保护下的开采要比充填体柱下开采安全。第 3 层开采后，顶板位移最大下沉量为 4.29mm，位移较大区域主要集中在 2 号采场中轴线附近，位移云图呈扁椭球递减扩散，其中 5 号采场位移量较前两场开采有所增加。第 4 层开挖后，采场顶板位移减少，最大位移量减少至 3.63mm，总位移量较前几次开采减少，采场稳定性较好。4 号采场为独立开采，采场两翼为胶结充填体，第 1 层开采后顶板最大下沉位移量为 6.26mm，但位移量较大区域比较少且集中，故在适当区域采用锚杆加强支护，弥补长锚索支护的不足。第 2 层开挖后，顶板最大位移量减少至 5.38mm，但顶板整体位移较为扩大，位移量由采场顶板中轴线向周围扩散递减。第 3 层开挖后，4 号采场顶板位移较为集中，最大位移量为 5.14mm 且位移中心有向联巷转移的趋势。第 4 层开挖后，采场最大位移为 5.19mm，采场总体位移量相对前几次开挖有所减少，位移相对集中。

　　总体而言，采用长锚索支护能有效控制采场开采所引起的顶板下沉，提高作业安全系数。当然长锚索控制顶板的位移也是有限的，当采用 2m×4m 间排距长锚索支护时，在一翼为充填体矿柱另一翼为岩柱时能达到较好的支护效果，控制

位移较为有效；当两翼均为充填体时，顶板的下沉量依然较大，最大位移量
为 6.26mm。

　　B　矿柱回采过程塑性区分析

　　如图 6-58 所示，2 号、5 号采场第 1 层开挖后，采场顶板及两翼都存在不同
程度的塑性破坏，2 号采场破坏面积较 5 号采场大，靠近矿体上盘有拉伸破坏区
域，但各塑性破坏区没有形成大面积贯通，采场出现正在塑性破坏区域很少，正
处于剪切破坏总量为 1468.94m³，拉伸破坏总量为 201.39m³。塑性区总量及分布
位置比未支护下明显改善，但也要注意局部存在破碎区域。

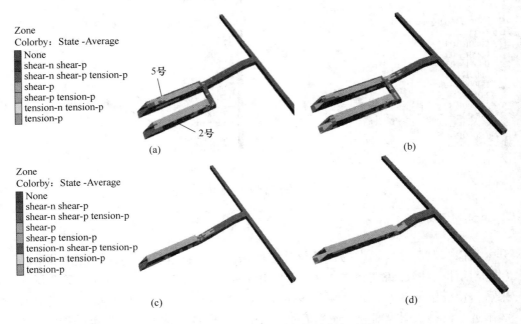

图 6-58　方案一回采过程塑性区分布云图

(a) 2 号、5 号矿柱第 1 分层回采；(b) 2 号、5 号矿柱第 4 分层回采；
(c) 4 号矿柱第 1 分层回采；(d) 4 号矿柱第 4 分层回采

　　第 2 层开挖后，塑性区较前一次开挖变化较大，采用长锚索支护后矿体上盘
塑性破坏区明显减少，塑性区主要分布在采场中部，各类塑性破坏未形成贯通。
第 3 层开挖后，采场顶板塑性区分布与前一次开挖相似，但在采场与联巷交汇处
出现少量塑性区混合破坏，在施工作业时要注重排险作业，加强局部支护。第 4
层开挖后，塑性区面积进一步减少，拉伸破坏与剪切破坏的混合破坏很少，采场
整体性较前 3 次要好。4 号采场在 2 号、5 号采场充填完毕后，待 5 号充填体养
护天数到达规定时间后开始回采。从图 6-58 可知，4 号采场 1 分层开采后，矿体
上盘存在少量拉伸破坏，采场塑性区面积较大，在采场与联巷交汇处存在剪切与

拉伸混合破坏。往后 3 层开挖得到塑性区图与第 1 层开挖类似，无明显差异。表 6-27 为不同开采层下塑性区（shear-p、shear-n、tension-n、tension-p）体积统计情况。

表 6-27　未支护下四类塑性区体积统计表

塑性区体积/m³	2,5 号-1	2,5 号-2	2,5 号-3	2,5 号-4	4 号-1	4 号-2	4 号-3	4 号-4
shear-n	1468.94	1976.82	2024.59	1855.53	1359.09	1747.39	1661.26	1718.38
tension-n	201.05	209.07	171.84	48.72	103.98	107.02	76.53	75.22
shear-p	2506.63	3198.09	3497.71	3127.75	4551.66	5183.58	5741.26	5379.32
tension-p	4354.67	5472.01	5637.26	4915.06	4024.94	4476.08	4529.47	4108.57

总体而言，采用 2m×4m 间排距的长锚索支护可有效发挥其控顶效果与优势，采场顶板和矿体上盘的位移、塑性区体积较未支护状态有很大的改善，长锚索的应用将大大改善作业的安全性。但由于锚索的间排距较大，对于两翼均为充填体的采场支护未能达到预期效果，故此针对两翼为充填体的采场应适当加密锚索，达到安全开采的效果。

6.4.3　最优方案选取

根据数值模拟分析的结果，方案二中长锚索控顶效果最好，方案一紧跟其后，最后为方案三。为此，应在方案二和方案一之间做出抉择。

方案二与方案一在两翼为充填体时支护参数一样，仅在单翼为充填体，另一翼为岩石情况下，方案二支护规格适当扩大至 2m×3m，即在 5 号采场扩大支护网度，通过前面的位移云图及位移量分析来看，对 5 号采场运用 2m×3m 的支护网度也能有效控制其位移下沉量；就塑性区而言，采用方案一与方案二也无显著差异，塑性区贯通趋势不明显，出现冒顶的可能性很小；就塑性区体积而言，方案一塑性区体积量在多数情况下与方案二很接近，尤其是在正处于塑性破坏的量与方案二差异不大。故此，用方案二作为最优方案在技术上是可行的，在经济上也是合理的。

综合上述，推荐使用方案二。

7 采场结构参数与开采顺序动态优化

7.1 充填协同开采方法应用背景

山东黄金矿业（莱州）有限公司焦家金矿（以下简称"焦家金矿"）是中温热液蚀变花岗岩型金矿床，矿体赋存条件复杂，目前焦家金矿主要包括焦家矿区、望儿山矿区及寺庄矿区。焦家矿区与望儿山矿区矿岩破碎，节理裂隙发育，总体矿岩稳定性为Ⅳ级或Ⅴ级，寺庄矿区则矿岩强度高、现场节理裂隙不发育，矿岩总体稳定性好，主要为Ⅱ级或Ⅲ级。

由于3个矿区的品位较低且变化不均匀，地表不允许陷落，因而选择使用充填采矿法。根据所处地段的地质情况及允许暴露面积，焦家金矿应用的充填采矿法方案有：上向水平分层充填采矿法、上向水平分层进路充填采矿法、下向水平分层进路充填采矿法。目前焦家金矿主要回采中段中，主矿体厚度较大且矿岩相对稳定的地段，以上向进路机械化水平进路充填法为主（根据矿体厚度进路沿走向或垂直走向布置）；矿体破碎且品位较高地段，则采用下向进路水平分层胶结充填法。

焦家金矿充填采矿法存在的主要问题：

（1）焦家矿区一直为焦家金矿的主力矿区之一，但矿区矿体沿焦家主断裂产出，矿体赋存条件复杂，矿岩稳固性差，特别是矿体上盘紧邻焦家断裂带，更严重影响了其上盘的稳固性。矿体平均倾角30°，真厚度15m左右，属于典型的缓倾斜破碎中厚矿体，针对此类矿体，焦家金矿一直采用上向水平分层（进路）充填采矿法回采此类矿体，但存在采场规格小、一次爆破矿石量小、作业循环多、同时作业施工组织复杂、设备利用率低、工人劳动强度大、单采场生产能力小、生产效率低、生产成本高、上盘三角矿体难于回收等问题。为满足逐年提高的产量要求，2017—2018年与北京科技大学合作扩大了进路规格，焦家和望儿山矿区进路跨度不宜超过5.0m，寺庄矿区进路跨度不宜超过10m，在一定程度上提高了开采效率，但随着产量需求的持续增大，当前的进路规格已逐渐无法满足生产需求。

（2）2021年焦家金矿遭遇了严重的生产困难，一方面由于安全管理要求，前期无法正常生产，后期亟须提高开采效率，弥补产量损失；另一方面，作为焦家金矿主力产区的焦家矿区后续矿量接续不足，产量无法继续提高，而寺庄矿区逐渐成为焦家金矿的主力产区，相比于焦家矿区，寺庄矿区矿岩主要为中等及以上稳固，若仍采用与焦家矿区相同的进路规格，则难以有效提高产量，同时设备利用率低，劳动强度大且安全性差。如何在原有采矿方法基础上，实现寺庄矿区的盘区大断面进路精细化协同开采，从而大幅提高生产效率、资源回收率及安全性，并有效控制贫化率显得极其必要。

（3）试验采场采用机械化上向水平分层胶结充填采矿法回采，矿柱回采时每个分层均需要施工管缝式锚杆进行顶板支护，而长锚索一次支护至一个分段高度，减少了开采每分层均需支护的作业循环次数，从生产工序衔接和管理角度而言更有利。现场调研发现，矿柱回采时进行长锚索支护更有利于采场作业安全。

（4）经过多年的开采，已形成了大量的尾砂，以细粒级尾砂为主，目前主要将粗粒级尾砂充入地下，细粒级尾砂排到尾矿库，虽然可处理一定量的尾砂，但尾矿库库存仍不断增加，并逐渐充满，目前无法增加库容，矿山面临关闭的风险，为解决矿山危机，山东黄金集团充填实验室经过研发，改变现有充填思路，将细粒级尾砂充入井下采场，粗粒级作为建材售卖，从而彻底实现无尾开采。同时，针对细粒级尾砂特点研发了专门的胶凝材料，保证了充填体强度，目前已在山东黄金旗下矿山进行了全面推广，焦家金矿在寺庄矿区修建了深锥浓密机用于实现细粒级尾砂的膏体充填。因此，如何将细粒级充填与大断面进路上向水平分层进行有效协同，是保证开采安全，降低开采的损失贫化率的关键技术之一。

7.2 工业试验及指标分析

7.2.1 试验开采矿段确定及矿体特征

目前，矿区内共圈定矿体群 3 个，即 I、II、III 号矿体群。其中以 II 号矿体群中的 II-1 号矿体为主矿体。

II-1 号矿体分布于黄铁绢英岩化花岗质碎裂岩内，局部延入黄铁绢英岩化花岗岩内，分布于 208 ~ 264 线、−550 ~ −990m 标高范围内。II-1 号矿体为矿区内主矿体，其资源量占矿床总量的 70.06%。

矿体由 31 个钻孔控制。最大走向长 1040m，平均 766m；最大倾斜长 670m，平均 435m，最大倾斜长 600m。最大控制垂深 510m，最低见矿工程标高为 −990m。矿体呈大脉状、脉状分布。分枝复合、膨胀夹缩特点明显，产状与主裂面基本一致，走向 20°，倾向北西，倾角在 16° ~ 41° 之间变化。平均倾角约 30°。

矿体沿走向南北两侧已基本尖灭，向浅部已尖灭，向深部延出矿区，沿走向长 1240m 范围内向深部沿斜深方向仍具延续趋势。

矿体单工程厚 1.28 ~ 76.72m，平均 23.06m，厚度变化系数 101%，属厚度较稳定型矿体。矿体单工程品位 1.10 ~ 10.89g/t，平均品位为 3.96g/t。品位变化系数为 138%，均属有用组分分布较均匀型矿体。矿体厚度与品位基本上呈正相关关系。

矿体及顶底板岩石为岩浆岩和变质岩，岩石硬度大，力学强度高，属坚硬、半坚硬岩石。岩体较完整，以块状结构为主，稳定性较好，断裂构造及裂隙不甚发育。浅层第四系结构松散，稳定性差。矿床的工程地质勘查类型属顶、底板以碎裂岩类为主，局部顶板不稳定，工程地质条件中等。

矿体埋藏于当地侵蚀基准面以下，矿床附近无大的地表水体，如图 7-1 所示。上、下盘含水带是矿床充水的直接来源，富水性均弱，地下水补给条件差，矿床属于以裂隙含水带（层）充水为主，底板直接进水，水文地质条件中等的裂隙充水矿床。

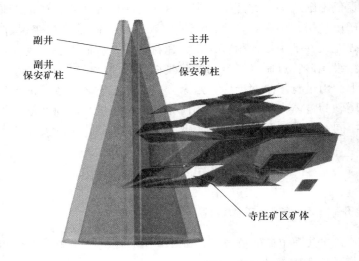

图 7-1　寺庄矿区矿体及井空间关系图

根据区内矿体分布情况，试验采场范围确定为寺庄矿区 15 中 216 ~ 232 线，以 224 线为界，224 线以南采用上向水平分层进路胶结充填采矿法，进路沿脉布置；224 线以北采用上向水平分层胶结充填采矿法（大断面一二步回采）。

7.2.2　试验采场采矿工艺

7.2.2.1　采矿方法设计及参数

根据采矿方法优选结果，本次试验采场开采采用上向水平分层胶结充填法，根据 2017 年北京科技大学出具的《焦家金矿深部围岩稳定性分级及采场结构参数优化设计》，初步确定两种结构参数，分别为：矿房宽度 8m、矿柱宽度 7m 和矿房宽度 9m、矿柱宽度 6m。两种方案优缺点见表 7-1。

表 7-1 方案优缺点比较

方案	矿房跨度/m	矿柱跨度/m	优　点	缺　点
1	8	7	一步回采跨度相对较小，回采更加安全	二步回采跨度相对较大，矿柱两侧为充填体，岩体整体性遭到破坏
2	9	6	一步回采跨度较大，回采效率更高，二步回采跨度相对较小，更加安全	一步回采矿房跨度大，需进行计算分析确定其合理性

　　通过比较发现，方案 1 一步回采矿房跨度小，安全性更高，但二步回采矿柱跨度较大，此时矿柱两侧为充填体，岩体完整性遭到破坏，矿柱顶板更易发生失稳跨冒等安全事故。方案 2 回采效率更高、二步回采更加安全，但同时需要对一步回采矿房跨度 9m 稳定性进行计算分析，以保证在此跨度条件下矿石回采作业的安全。

　　综合分析认为，回采过程中，一步矿房开采时，岩体完整性较好，稳定性相对较高，二步矿柱回采过程中由于岩体完整性遭到破坏，稳定性较差，在进行方案选择过程中，重点考虑二步矿柱回采，因此可适当增大一步回采矿房跨度、适当减小二步矿房跨度，但同时需要对一步矿房回采极限跨度进行计算分析，以保证矿房跨度在安全合理范围之内。

　　根据极限跨度理论可知：

$$l = \{8\sigma_t H K_c / [3\lambda(1+K_p)K_t]\}^{0.5} \tag{7-1}$$

式中　K_c，K_p，K_t——结构面减弱系数、荷载系数、安全系数，取值范围分别为 0.15~0.5、0.2~0.7、2~3，这里分别取值为 0.4、0.5 和 3。

　　　　　σ_t——岩体抗拉强度，根据力学试验结果取值为 0.5MPa；

　　　　　H——开采深度，取 630m；

　　　　　λ——岩石容重，取值为 2.8N/m³。

　　将各参数代入计算公式得到矿房极限跨度为：

$$l = 10.7m$$

　　通过以上计算可知，当取安全系数最大为 3、岩体结构面减弱系数为 0.4 时，计算得到的矿房极限跨度为 10.7m，依然大于所设计的 9m，因此认为矿房跨度选取 9m 是安全合理的，故本次设计选取方案 2 作为最终方案，即矿房宽度为 9m、矿柱宽度为 6m。

　　回采方案确定后，进行矿房和矿柱划分，这里矿房矿柱交替划分，224 线以北，矿房、矿柱垂直走向布置。采场长度为矿体水平厚度，一步采场宽 9m，采高 4.5m，空顶 0.5m，总高度 5.0m；二步采场宽度 6m，采高 4.5m，空顶 0.5m，总高度 5.0m，采用隔一采一的顺序进行回采。224 线以南，采场沿走向布置，一步采场场宽 9m，采高 4.5m，空顶 0.5m，总高度 5.0m；二步采场宽度 6m，采高 4.5m，空顶 0.5m，总高度 5.0m，采用隔一采一的顺序进行回采。

二步采开采之前首先进行长锚索支护，以控制顶板安全。

7.2.2.2　采准工程布置

采准工程有分段出矿巷道、出矿溜井联络道、溜井、分层联络道、人行通风（泄水）天井、辅助斜坡道。

溜井和分段出矿巷道布置在下盘脉外，通过辅助斜坡道使上下分段出矿巷道联通，从分段巷道向矿体掘分层联络道，矿体下盘边界布置切割巷道。沿矿体下盘掘回风充填（泄水）天井，随着采场向上推移顺路架设泄水井。

采准工程主要包括采场内的回风天井、泄水井、采场下盘联络道。其工程规格分别为：1.5m×1.5m、1.5m×1.5m 和 3.5m×3.5m。分段巷在下盘脉外，采场联络巷连接分段平巷和矿体，先施工通达 1 分层矿房的联络道，然后依次回采矿房 1、2、3 和 4 分层矿房并充填。再施工通达 1 分层矿柱的联络道，首先回采矿柱第 1 分层，然后进行长锚索支护，再依次回采矿柱 2、3 和 4 分层矿柱并充填。

7.2.3　充填工艺

2019 年在充填实验室与鑫汇金矿的合作下，实现了细粒级尾砂充填，形成了配套的系统与工艺，焦家金矿在已有成果的基础上，在寺庄矿区建成了深锥浓密系统，实现了焦家金矿的细粒级充填，并有效保证了充填质量，为本开采方法的应用奠定了坚实的基础。

7.2.3.1　细粒级充填系统

A　充填站概况

寺庄分矿细粒级尾砂充填站主要建设有无动力深锥浓密机，胶结材料仓，卧式桨叶式双轴连续搅拌机、立式高浓度搅拌槽，工业输送泵等主要设备设施，日均消耗尾砂量为 1028t/d（干量），如图 7-2 所示。

选厂泵送来砂先至寺庄矿区尾砂二级输送泵站，通过泵站内的 2 台尾砂渣浆泵先把尾砂打到现有充填砂仓顶旋流器进行分级，粗砂进入旧充填系统砂仓浓密，原充填系统不变；旋流器溢流和砂仓溢流的细粒级尾砂自流到二级泵站内的矿浆箱，然后通过 2 台渣浆泵输送至新建深锥系统进行浓密。

新建深锥系统的底流通过底流渣浆泵送至新建充填搅拌站，新充填搅拌站配置 2 套完全一样的系统，每套系统为 1 座胶结料仓（仓底设微粉秤）、1 台桨叶式搅拌机、1 台立式高浓度搅拌槽；搅拌站内设工业输送泵 1 台，一套系统料浆

图 7-2　寺庄矿区深锥浓密充填系统

输送采用自流输送，另一套系统与工业输送泵进行连接，料浆采用全压泵送，经充填钻孔将料浆输送至井下，深锥溢流回水通过 2 台渣浆泵泵送回焦家选厂。

B　设备配置情况

（1）尾砂输送。寺庄分矿原泵站内无尾砂二级泵站，本次细粒级尾砂输送采用二级泵送方式，旋流器溢流和砂仓溢流的细尾砂返回泵站后，经新设的 2 台型号为 TZJK-100-500T 的渣浆泵输送至深锥浓密机进行浓密，1 用 1 备。

（2）深锥浓密和搅拌工艺。

1）深锥浓密机。寺庄分矿在对细粒级尾砂进行浓密时选择无动力深锥浓密机作为浓密装置，如图 7-3 所示。该浓密机不含耙架，单具备常规深锥同样的处理量和处理效果。该深锥浓密机高度 35m，直径 $\phi = 15$m，尾砂最大处理能力为 2120t/d。深锥底流浓度 62% 左右，溢流水浓度 $< 3.0 \times 10^{-4}$。深锥底部设底流剪切循环及输送系统，将底流输送至搅拌设施；另设絮凝剂添加系统，仓顶设絮凝剂二次稀释系统，用于细粒级尾砂絮凝沉降。

2）胶结料仓。新增 2 座胶结材料存储仓，单仓有效容积为 120m^3，仓径为 $\phi = 3$m，直线段高 15m，仓身为钢结构，仓座为钢砼立柱，胶结料仓总高约 28.6m。仓顶设除尘器、检修孔和过滤箱等。每座仓底设置 CFC Ⅱ 250 × 2500 型微粉秤 1 台进行下灰量计量，胶结料粉根据设定好的灰砂比定量输送至搅拌槽内与尾砂进行混合搅拌。

3）搅拌系统。搅拌站内设置 2 套相同配置的搅拌系统，每套搅拌系统均采用两级搅拌，一级搅拌采用 SJY-ϕ600 × 3500 型卧式桨叶式双轴连续搅拌机，功

图 7-3　深锥浓密机底部

率 22kW，二级搅拌采用 φ2000 × 2100 型立式高浓度搅拌槽，功率 45kW，如图 7-4 所示。桨叶式搅拌机采用间断螺旋交叉组合叶片式搅拌器，对物料进行剪切、错和、破击、强力搅拌，同时物料在前进的过程中通过叶片间隙的回流再次进行重复搅拌，使各种物料之间、物料与水分之间充分均匀与渗透。二级搅拌输送流量均 80 ~ 100m^3/h。

图 7-4　搅拌槽

4）其他设施。新建一座搅拌车间厂房，内部设搅拌平台、喂料平台。车间内亦设清洗水管、控制室等辅助设施等。新设计 2 台 DF85-45×2 造浆水泵，1 用 1 备，用于造浆供水、冲洗管路、冲洗车间地面。

C　料浆输送

搅拌车间内设有德国进口 KSP220(HD)R 型摆阀式工业输送泵 1 台，配套建设有相应供电系统、液压站等，工业输送泵出口压力可在 0～15MPa 之间进行动态调整，主要用于高浓度、大倍线下料浆输送使用。

制备好的充填料浆采用自流方式通过充填钻孔输送到井下各空区，钻孔内敷设材质为 Q345B(16Mn) 的无缝锰钢管；进入井下充填巷道后改用无缝锰钢管或新型改性聚烯烃钢丝缠绕超耐磨复合管；为方便倒换充填采场，进入充填作业面的管路采用矿用树脂聚氯乙烯管。

D　溢流回水

深锥浓密机的溢流水澄清度较好，溢流水含固量 <3.0×10⁻⁴，返回选厂直接作为生产用水进行利用。溢流水采用 2 台新设 200D-A75 回水渣浆泵代替原有回水泵进行回水，1 用 1 备。回水管路选择 $\phi 377\text{mm} \times 20\text{mm}$ 钢骨架尼龙管。

7.2.3.2　充填钻孔与管路选型

为快速推进细粒级尾砂在生产中的应用，寺庄分矿采用充填试验与生产应用同步建设。通过对井下充填作业进行全面系统梳理后，寺庄分矿分别对现有的地表至 -70m 充填立管 1 处及地表至 -220m 充填立管 1 处进行改造，分别用于细粒级尾砂自流与全压泵送充填；改造后充填立管选用 140×8mm 的无缝锰钢管，自流充填选用新型改性聚烯烃钢丝缠绕超耐磨复合管，型号为 110×80；全压充填管路选用 140×8 的无缝钢管搭配 140×108 的新型改性聚烯烃钢丝缠绕超耐磨复合管使用，目前寺庄分矿已完成充填立管更换 360m，平巷充填用无缝钢管 530m，聚烯烃钢丝缠绕管 1600m。

同时新建设地表至 -490m 充填钻孔 2 处，充填钻孔直径 $\phi = 500\text{mm}$，钻孔内安装 $\phi 325 \times 8\text{mm}$ 型无缝钢管作为充填套管；套管与钻孔壁之间采用 C20 水泥砂浆注浆固定；充填立管选用无缝钢管，规格为 $\phi = 180 \times 15\text{mm}$，材质为 Q345B(16Mn)；平巷充填管路选用无缝钢管，规格分别为 $\phi = 140 \times 8\text{mm}$ 与 $\phi = 168 \times 9\text{mm}$，材质为 Q345B(16Mn)，分别用于深部采区的细粒级尾砂自流与全压泵送充填。

7.2.3.3　充填浆料数据

（1）浓度与流量。寺庄分矿井下细粒级尾砂充填配比主要为 1:4、1:8 与 1:10，综合考虑充填体水化反应时间与充填体强度，主要以 1:8 与 1:10 为主，施工假底及胶结面时采用 1:4 进行施工。

灰砂比为 1:8；其中自流充填浓度约为 58%～62%，流量约为 60～80m³/h；全压泵送充填浓度为 62%～64%，流量约为 80～100m³/h。

（2）充填体强度。温度28℃以上，湿度90%以上，灰砂比为1:8，充填浓度58%时，充填体3d强度0.42MPa，7d强度0.83MPa，14d强度1.15MPa，28d强度1.31MPa；充填浓度62%时，充填体3d强度0.85MPa，7d强度1.21MPa，14d强度1.45MPa，28d强度1.80MPa。

（3）尾砂粒级。通过对浓密机底流进行抽样检测得出，尾砂粒级组成中−400目平均占78.8%，具体取样数据见表7-2。

表7-2　寺庄分矿浓密机底流取样粒级组成表

粒级/目	+100	−100~+200	−200~+400	−400	备　注
浓密机底流	6.37%	8.89%	11.80%	72.85%	
浓密机底流	1.03%	5.25%	6.98%	86.74%	
浓密机底流	1.52%	4.72%	15.33%	78.43%	
浓密机底流	0.54%	4.22%	12.14%	83.10%	
旋流器溢流	7.08%	7.84%	12.46%	72.62%	

充填板墙示意图，见图7-5。

图7-5　充填板墙示意图

7.2.4　回采工艺

在浅部各中段就地找矿新探明的平均倾角33.5°，真厚度2.31~10.24m的矿体，采用传统盘区机械化上向水平分层进路充填采矿法，布置脉外斜坡道、溜矿井及人行井采准，采准工程量大且时间滞后，相对于小矿体回采带来的收益，采准工程成本占比较大，回采利润较低。且采场矿体分层储量较低，分层回采周期短，频繁的升层施工、充填占用时间长，在生产压力大的现状下，给生产调度带来极大影响。

　　在传统采矿方法的基础上，优化得到了本文的采矿方法，根据不同的矿体条件，制定了不同的采矿方案。

7.2.4.1　采场布置

　　15 中 224 线以北，采场垂直走向布置，15 中 224 线以南，采场沿走向布置，由于本分层底板标高为 -630m，故以此标高为基准划分分层，分层高度 4.0m，矿房跨度 9m，矿柱跨度 6m。采场结构如图 7-6 所示。

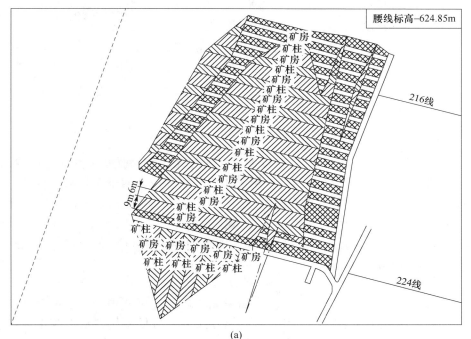

(a)

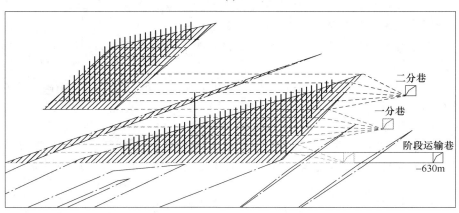

(b)

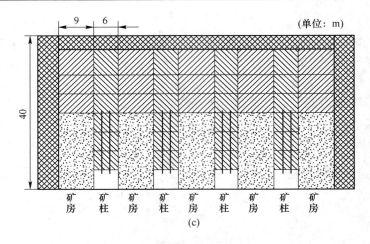

图 7-6　采场布置图

(a) 俯视图；(b) 侧视图；(c) 主视图

7.2.4.2　回采顺序

4 个分层作为 1 个分段，第一步回采矿房第 1 分层，然后充填 4.5m，控顶 0.5m，再依次回采矿房 2、3 和 4 分层。矿房回采完毕，回采矿柱第 1 分层，然后采用长锚索进行支护，之后充填 4.5m，控顶 0.5m，再依次回采矿柱 2、3 和 4 分层矿柱，最后接顶充填。长锚索垂直向上布置，矿柱跨度为 6m，长锚索间距 2m，每排布置 2 根长锚索，长锚索排距根据顶板破碎程度合理布置，平均排距 3m。回采顺序如图 7-7 所示。

回采顺序：

(1) 一步采：首采矿房 1 分层，回采完毕后，进行充填，充填高度 4.5m，控顶 0.5m，充填完毕后换层，经采场联络巷进入 2 分层采场，从下盘至上盘全断面压采，压顶矿高 4.5m，压采完毕后不接顶充填，控顶距 0.5m，直至第 4 分层矿石回采完毕，进行接顶充填，充填高度 5.0m。

(2) 长锚索支护：进行矿柱第 1 分层的回采，回采结束后进行长锚索支护，然后进行充填，控顶 0.5m。

(3) 二步采：回采矿柱第 2 分层，回采完毕后，进行充填，充填高度 4.5m，空顶 0.5m，充填完毕后换层，经采场联络巷进入 3 分层采场，从下盘至上盘全断面压采，压顶矿高 4.5m，压采完毕后充填并接顶，充填高度 5.0m。

(4) 回采结束。施工过程中，可根据现场条件，在采场适当位置预留保安矿柱，保安矿柱由地、测、采技术人员以及安全员根据相关规定现场确定。

7.2.5　机械化协同作业

采场参数的扩大为大型设备的使用提供了条件，焦家金矿充分利用本开采方

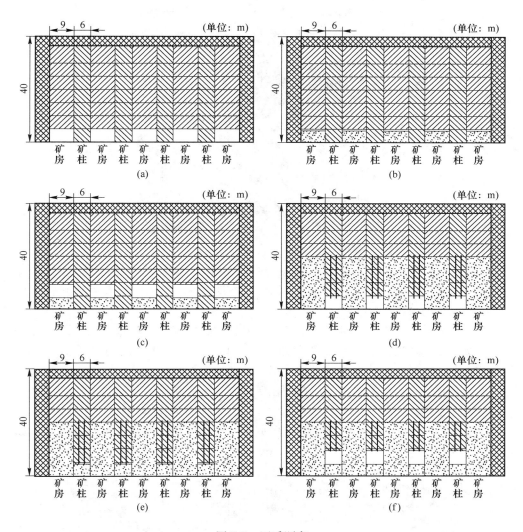

图 7-7 回采顺序

(a) 矿房第 1 分层回采；(b) 矿房第 1 分层不接顶充填；(c) 矿房第 2 分层回采；
(d) 矿柱第 1 分层回采、长锚索支护；(e) 矿柱第 1 分层不接顶充填；(f) 矿柱第 2 分层回采

法的优点，针对开采各环节进行了设备配套，实现了全流程机械化协同作业。

7.2.5.1 矿房分断面机械化协同开采

试验采场最终采用了矿房 9m，矿柱 6m 的采场结构参数，每次开采分层高度 5m。由于矿房矿柱尺寸较大，若仍采用传统气腿式凿岩机，则会造成开采效率大大降低，且存在较大安全隐患，因此焦家金矿采用了专用的掘进台车进行凿岩爆破，如图 7-8 所示。

图 7-8 开山重工 K311 全液压硬岩掘进台车

设备高 2.0m，宽 1.75m，长 11.3m，可实现孔径 32~76mm 的炮孔施打，现场孔径 42mm，深 3.0m。

采用本开采方法开采时，由于矿房断面较大，若采用一次成形的方式，则爆破量较大，对矿柱产生的爆破破坏较严重，因此为了保证矿房开采安全，尤其是二步采矿柱的安全，开采矿房时，采用了分断面成形法。

根据设备尺寸及矿房参数，首先在矿房中心位置掘进 3.9m（宽）×3.7m（高）的小断面导洞，如图 7-9 所示。

小断面导洞掘进到达上盘后，采用掘进台车将断面一次扩大至设计尺寸，如图 7-10 所示。

图 7-9 小断面导洞图

图 7-10 扩大后的最终断面

进行断面扩大时，掘进台车沿小断面导洞断面施打平行孔进行爆破。

通过采用分断面成形法开采矿房，可充分保证大跨度矿房开采过程中的顶板安全，同时由于小断面导洞的形成，为后续二步扩大断面提供了充分的爆破自由空间，可有效降低矿房开采对矿柱的爆破扰动，保证二步采的稳定性。

在进行矿房开采过程中，根据顶板爆破情况，采用撬毛台车及时对顶板浮石进行清理，保证安全，设备如图 7-11 所示。

图 7-11　撬毛台车

撬毛结束后，采用锚杆台车对顶板进行支护，锚杆台车选用 DS311 型，采用管缝式锚杆支护，排距 2 ~ 3m，间距 1 ~ 1.5m。

7.2.5.2　矿柱锚索预支护

虽然矿房采用分断面开采，可有效降低矿柱的爆破损伤，但若两侧矿房全部开采完后再进行矿柱开采，矿柱仍会出现较大范围的岩石破坏，进而使二步采矿柱变得困难，为解决该问题，试验采场开采过程中，预先对矿柱进行锚索支护。

根据数值模拟结果，当矿房超前矿柱开采 2 ~ 3 个分层时，安全性最佳，因此，当矿房开采 2 分层并充填后，采用同样的方法，开采矿柱第 1 分层，当第 1 分层开采结束后，采用锚索台车由里向外进行锚索支护，如图 7-12 所示。

锚索支护参数根据分报告之 6 进行确定，间距 2m，排距 1.5 ~ 2m，钻孔长度为分段高度约 13m。

钻孔直径不仅要满足螺纹钢、排气管、注浆管安装方便要求，还应使螺纹钢和砂浆的黏结强度以及砂浆和孔壁黏结强度达到最佳值。一般根据经验和参考国内类似工程进行选取，本次设计选用直径为 $\phi 22\text{mm}$ 螺纹钢，选取钻孔直径 $\phi 50\text{mm}$。

水泥浆所用水泥选择 425 号普通硅酸盐水泥，砂浆配比参照国内类似工程进行确定。本次设计水泥浆：水灰比 0.4，其 28d 黏结强度为 3.05MPa，能满足长锚索的锚固要求。

图 7-12　锚索台车现场施工

锚索孔打好后，按以下要求安装长锚索：

（1）在地表用砂轮切割机或锚索剪断器将螺旋钢按设计长度切割并绑扎好后，运输至施工现场，然后进行钢结构的焊接，通常施工锚索长度为 3～4 根标准长为 3m 的螺纹钢焊接而成。

（2）现场用高压风将锚索孔吹净，手工将钢绞线送入锚索孔；采取由外向里的前进式注砂浆，必须用胶带将 $\phi8mm$ 聚氯乙烯（PVC）排气管固定在焊接好的螺旋钢上，把螺旋钢与聚氯乙烯排气软管一端同时送入孔底，孔口以外各留 300mm。

（3）在孔口处锚索体一侧放 1 根 $\phi25mm \times 600mm$ 注浆管（橡胶管），将注浆管送入孔内 300mm，排气管从孔口引出后将特制的木塞进行封口，封口长度为 250～300mm，注浆管外露 200mm；在上向孔中为防止螺旋钢从孔中滑落，必须用木楔将其固定在孔口。封口木塞结构如图 7-13 所示。

采取由外向内的前进式注浆方式进行，即砂浆自孔口向孔底连续压入，孔内被压缩的空气由排气管排出孔外。

水泥浆配制选用 42.5R 普通硅酸盐水泥，浆液水灰比 0.4。砂浆搅拌在采场联络巷搅拌槽内进行，搅拌好的水泥浆用网度 3mm 筛子过滤后用注浆泵灌注入孔中。注浆泵选用济南中航山泉机电有限公司生产的 UB-3C 型注浆泵向孔内注浆，注浆压力为 2MPa，垂直注浆高度可达 30m。截留

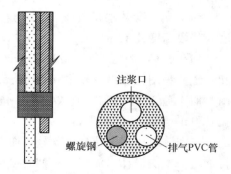

图 7-13　封口木塞结构示意图

在孔内的空气通过排气管逸出，当稀浆从排气管中流出时，表示砂浆已充满钻孔。

当第 2、3 分层矿柱回采完毕后，长锚索揭露，在螺旋钢超出顶板 20cm 处将其剪断，挂钢筋网，然后放置托盘和螺帽，形成矿柱顶板长锚索加钢筋网支护。

为保证矿房矿柱开采时的安全性，两者之间的高度差应保持在 2~3 个分层之间。

7.2.5.3　高效率出矿

当采矿工艺确定后，决定开采效率的关键性因素为出矿效率，由于扩大了开采结构参数，仍采用现有的小容量铲运机，则会大大影响出矿效率，进而影响整个开采进度，因此试验开采过程中，采用了 4m³ 及 6m³ 的大容量铲运机，如图 7-14 和图 7-15 所示。

图 7-14　4m³ 铲运机　　　　　　　　　图 7-15　6m³ 铲运机

铲运机将工作面崩落下的矿石铲至坑卡，坑卡运至 15 中段 1 号矿石溜井最后电机车运至副井提升地表，根据铲运需要进路开口进行适当扩帮。

7.2.6　充填协同作业

充填质量的好坏，直接决定了开采的经济技术指标。细粒级充填系统的建设，为保证井下充填质量提供了坚实的保障。

（1）充填管路路线：从分段运输巷→联巷→采场。

（2）采场充填：一步采矿房采用 1∶4 胶结充填假底 1m，中间采用 1∶8 胶结充填，顶部 0.5m 采用 1∶4 胶结充填；二步采用 1∶4 胶结充填 1m 假底，中间采用全尾或毛石进行充填，顶部 0.5m 采用 1∶4 胶结充填。

（3）每个分层充填作业完成后，需要进行封口充填，通过联巷内泄水井排走充填水，泄至本分巷沉淀池内，沉淀后经集中泄水井排至 15 中段。

（4）充填板墙选型：受机械化作业影响，寺庄分矿井下封闭板墙跨度多为 4~6m，采空区封闭采用组合板墙 – 木支撑联合封闭模式；首先采用组合板墙对采空区进行封闭，然后在组合板墙外部增加圆木斜撑跟立撑，增加牢固性，确保高浓度充填下封闭板墙牢固，可靠；同时架设两道不低于 1.5m 的二道板墙，充填结束后洗管水全部泄入二道板墙，不得进入充填板墙内。

7.2.7　精细化协同作业

7.2.7.1　分断面开采精准定位

由于断面较大，很容易发生掘进超边界或欠挖的情况，为保证矿房在开采过程中，掘进边界的准确，采用激光导向仪进行方向定位，如图 7-16 所示。

图 7-16　激光导向仪布置

首先，在采场外布置激光导向仪，向采场内投射激光束，使激光束投射在小断面导洞中心位置处。然后以该投射点为基准向两侧对称扩帮，形成最终的大断面。

7.2.7.2　采空区三维精细扫描

焦家金矿采用上向水平进路充填采矿法回采矿体，且在此基础上大力推行机械化开采，形成机械化上向水平进路充填采矿法成套工艺。如何在原有采矿方法基础上进一步提高矿石回收率，减少贫、损指标，大幅提高资源回收率，并有效控制贫化率显得极其必要。

针对焦家金矿矿区深部二步骤矿柱回采矿石贫化、损失较大问题，提出采场精细化探测技术方案，通过 VS150 设备对试验采区精细探测结果进行分析研究。VS150 是英国 MDL 研制的一款空腔自动激光扫描系统，其功能是采集空间数据信息，针对岩溶地区、采空区等人员无法直接进入硐室、采场等，可借助该设备伸入空区内部探测，用平板对仪器操作并将数据导出。同时可辅助矿山采掘生产规划、预算充填量；亦可控制矿体边界辅助开采设计。VS150 是 Void Scanner 150 的简称，直译为空区扫描系统。

国内采用上向水平进路充填法开采的矿山，矿房开采完毕后一般测量人员验收时会绘制二维采场平面图，以记录矿房开采后的形态及超、欠挖情况。但该方法只能反映采场底板的开采情况，未能对矿房开采三维形态进行详细记录；对采场顶板及两帮的超、欠挖状况未反映出来，而两帮的开采情况是决定二步骤回采时采场的设计宽度。一步骤回采矿房后，采场进行胶结充填，对于两帮矿体超挖部分会被充填体充填，二步骤回采时炮孔设计很难考虑到这部分充填体，进而爆破时将充填体当作矿体爆破下来，引起矿石贫化；另外，当采场两帮存在欠挖时，部分矿体在充填后遗留在充填体内，二步骤回采时很难将其识别采出，造成矿产资源的损失。因此，该平面图难以为二步骤矿柱回采炮孔精细化设计提供依据。为此，提出采场精细化探测技术将每一层回采后的矿房进行扫描，通过按一定间距切割剖面来分析采场开挖情况及矿柱轮廓变化情况，来量化爆破施工质量，同时为后续回采提供设计依据。

采场空区三维精细化探测技术，具体操作如下。每层矿体回采清底完毕后，使用 VS150 三维激光扫描仪对采场空区进行探测。因上向水平进路采矿法采场长度相对较狭长，且凿岩爆破后采场顶板及两帮有着不同程度的超、欠挖的情况，综合考虑扫描探测的精度等因素，将采场进行分段扫描，得出不同地段的空区形态，并将其进行数字化处理，最后将结果文件导出为 DXF 文件格式，以便导入其他兼容软件。将三维扫描探测结果文件导入 3DMINE 矿用建模软件中进行耦合，使同一采场不同地段的扫描结果整合在一起，可将整个采场开采后的全貌真实呈现出来。并可根据体积计算得出采场体积，为下一步进行超欠挖和贫化损失等计算做前期准备。图 7-17 为 1 号、3 号三层矿体采完后空区扫描图叠加后的三维实体模型。

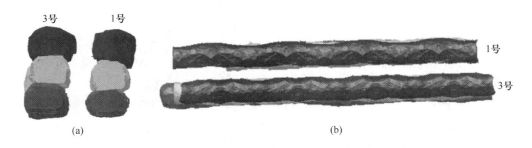

图 7-17 采空区探测三维实体图
(a) 采场空区模型主视图；(b) 采场空区模型俯视图

采场精细化探测后得到的采场空区三维模型可以将采完后的采场整体轮廓展现出来，包括相邻采场及上下分层采场的耦合情况直观表现出来。为了量化各采场之间的超采、欠采情况，将采场空区三维模型等距切割剖面，生成二维剖面图。在此基础上来评价采场超、欠挖情况，并为后续二步骤矿柱回采的爆破设计提供依据。

将采场空区模型沿采场走向从矿体下盘开始每隔 2m 作垂直剖面,生成垂直剖面图。因篇幅所限,选取一个剖面为例,图 7-18 为矿房间距垂直分布图。

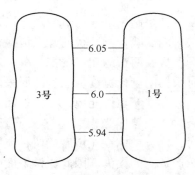

图 7-18   矿房间距垂直分布图

结合图 7-17 与图 7-18 所示,矿房开挖整体形态较为规整,部分区段存在少许欠挖和超挖,但总体保持在 6.0m,说明开采效果较好。开采2 号矿柱时,在矿体边界部分炮孔应适当较少装药量,从而减少尾砂混入。

矿房回采超挖、欠挖量能进一步表征回采过程中爆破质量的优劣。对于爆破施工后采场轮廓与设计大部分吻合,即超挖、欠挖量控制较好;反之超挖、欠挖严重。

以第 1 层为例,对所测实测模型生成体积报告,测得空区体积为 8825.8m³。将采空区实测模型与 1 号、3 号矿房设计模型图进行复合,可得到采空区超挖、欠挖的具体大小。图 7-19 为前视图。

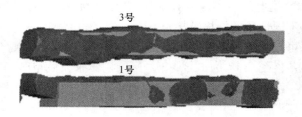

图 7-19   设计矿体与空区体积复合前视图

采场超挖量的计算可根据探测后实体与设计矿房模型在 3DMINE 软件中进行布尔运算,得出超挖部分,然后进行体积运算,得出超挖体积。

经过统计计算,第 1 层矿房回采超挖矿柱矿量体积约 381.8m³,欠挖矿房体积约 136.4m³。

依据矿石损失率计算公式:

$$\lambda = V_w / V_f \tag{7-2}$$

式中 λ——矿石损失率;

     V_w——欠挖矿石体积,m³;

     V_f——矿石体积,m³。

最终计算的矿石损失率为 1.55%。

依据采矿贫化率计算公式:

$$\gamma = (V_{c} - V_{t})/V_{c} \times 100\% \qquad (7\text{-}3)$$

式中　γ——矿石贫化率;

　　V_{c}——采空区体积,m^3;

　　V_{t}——采出矿石体积,m^3。

最终计算的矿石贫化率为 3.57%。

7.2.7.3　充填体边壁防垮塌

为保证二步采过程中,两帮充填体的稳固性,一步采采场回采结束后,在靠近二步采采场的一帮或两帮铺设双层金属网,胶结充填后,金属网与胶结充填体形成类似钢筋混凝土的结构,提高了充填体的整体性和强度。二步采采场施工至充填体时,金属网会对充填体形成保护作用,对充填体起到较好的隔离、防护作用,与没有防护的充填体相比效果显著。

在第 1 分层时,还需要布置假顶底筋,此时可将两帮金属网与底筋相连接,形成整体,如图 7-20 ~ 图 7-22 所示,揭露后的得金属网与充填体结合如图 7-23 所示。

图 7-20　边帮双层金属网及假底配筋示意图　　图 7-21　边帮双层金属网及假底配筋示意图

图 7-22　双层金属网挂靠图　　　　图 7-23　揭露后的金属网与充填体结合图

在实际应用过程中，采用细钢筋网，便于运输和吊挂，提高了架设效率，另外由于其变形性较好，能紧贴帮壁；采用膨胀螺栓固定在岩壁上，勾花网上用铁丝绑扎。胶结充填后，钢筋网与充填体通过铁钩连接一起，防止相邻采场回采过程中揭露勾花网时散落，确保胶结充填体的整体性和强度。

经采场验收率指标计算，通过对充填体的防护，二步采采场的贫化率指标由原来的 7.6% 下降至 3.55%。

7.2.8　试验开采经济指标分析

根据试验开采的指标分析，216～224 线矿体开采过程中，单采场出矿能力达到了 300～900t/d，贫化率控制在 2% 左右，损失率控制在 4% 左右，取得了巨大的经济效益。

由于焦家矿区采用了较小断面的采场，单采场出矿能力只有 100～120t/d，损失贫化率 5% 左右，寺庄矿区与焦家矿区相比，开采效率得到了极大提升，且损贫指标也得到了较大的改善。

7.3　采矿方法推广及效益分析

7.3.1　推广情况

本方法在 15 中段的应用取得了良好的效果，在工业试验应用的基础上，向 16 和 17 中段进行了推广，目前的开采现状如下：

四分区大断面采场共 3 个，分别是 S16010216 采场、S16010224 采场、S17010216 采场。其中 S16010216 采场位于 16 中段 213 线至 220 线之间，S16010224 采场位于 16 中段 221 线至 228 线之间，S17010216 采场位于 17 中段一分巷 208 线至 224 线之间。

S16010216 采场一步采 1 号、17 号、19 号、21 号进路已准备回采第 6 分层，现已暂停回采。23 号回采第 4 分层，3 号回采第 3 分层。该采场二步采进路 16 号、18 号正在施工长锚索支护，支护结束后，准备回采 1 分层。20 号、22 号正在回采下一分层。

S16010224 采场一步采 1 号、7 号进路回采 3 分层、3 号、5 号进路回采第 2 分层、9 号、11 号、13 号、15 号进路回采 1 分层，该采场二步采未施工。

S17010216 采场一步采 1 号、25 号进路回采 2 分层、3 号、5 号、7 号、9 号、11 号、13 号、15 号、17 号、19 号、21 号、23 号、27 号、29 号、31 号、33 号进路回采第 1 分层，该采场二步采未施工。

在试验开采的基础上，通过进一步优化，经济技术指标得到了进一步的改善，取得了良好的效果，根据统计，S16010216 采场损失率 1.06%，贫化率

3.70%；S16010224 采场损失率 1.24%，贫化率 3.76%；S17010216 采场损失率 1.23%，贫化率 4.11%。最终总体损失率控制在 1.5% 左右，贫化率控制在 3.7% 附近。

16 和 17 两个中段采场每天最大出矿量可达到 2500t/d，其中 S16010216 采场一步采 400t/d，二步采 70t/d；S16010224 采场 600t/d；S17010216 采场 900t/d，采矿效率得到了较大的提升，而寺庄矿区总的出矿量达到了 8000t/d，超过焦家矿区（5500t/d），成为焦家金矿最大的矿区。

7.3.2 效益分析

根据现场出矿量统计结果和品位化验结果，获得深部试验盘区矿体回采的矿石量为 32.84 万吨，按照品位 2.0g/t、选冶综合回收率 86%、黄金单价 350 元/g 进行计算，产值共计 1.97 亿元。

寺庄矿区深部资源的安全高效回采，一方面有效提高了资源利用率；为稳定职工就业提供了保障。确保了矿山的安全生产，对于职工就业、家属生活稳定产生积极的作用。

本项目为深部缓倾斜厚大矿体提出了大断面机械化大规模开采提供了理论支撑和现场技术支持，其研究成果对国内类似开采技术条件的矿山具有重要的推广和借鉴意义。

参 考 文 献

[1] 宋明春，丁正江，刘向东，等. 胶东型金矿床断裂控矿及成矿模式 [J/OL]. 地质学报，2022，96（5）：1774～1802. DOI：10. 19762/j. cnki. dizhixuebao. 2022143.

[2] 刘雄. 焦家断裂带成矿特征分析 [J]. 山西冶金，2022，45（3）：117～119. DOI：10. 16525/j. cnki. cn14-1167/tf. 2022. 03. 046.

[3] LIANG C，LI X，WANG S X，et al. EXPERIMENTAL INVESTIGATIONS ON RATE-DEPENDENT STRESS-STRAIN CHARACTERISTICS AND ENERGY MECHANISM OF ROCK UNDER UNIAIXAL COMPRESSION [J]. Chinese Journal of Rock Mechanics and Engineering，2012，31（9）：1830～1838.

[4] WANG J，FU J，SONG W，et al. Mechanical properties，damage evolution，and constitutive model of rock-encased backfill under uniaxial compression [J/OL]. Construction and Building Materials，2021，285：122898. DOI：10. 1016/j. conbuildmat. 2021. 122898.

[5] ZHANG Z，DENG M，BAI J，et al. Strain energy evolution and conversion under triaxial unloading confining pressure tests due to gob-side entry retained [J/OL]. International Journal of Rock Mechanics and Mining Sciences，2020，126：104184. DOI：10. 1016/j. ijrmms. 2019. 104184.

[6] 张志飞，黄曼，唐志成. 估算异性岩石不连续面峰值剪切强度的经验公式 [J/OL]. 岩土力学，2023，44（2）：507～519. DOI：10. 16285/j. rsm. 2022. 0410.

[7] CAO S，YILMAZ E，SONG W，et al. Loading rate effect on uniaxial compressive strength behavior and acoustic emission properties of cemented tailings backfill [J/OL]. Construction and Building Materials，2019，213：313～324. DOI：10. 1016/j. conbuildmat. 2019. 04. 082.

[8] WANG J，FU J，SONG W，et al. Acoustic emission characteristics and damage evolution process of layered cemented tailings backfill under uniaxial compression [J/OL]. Construction and Building Materials，2021，295：123663. DOI：10. 1016/j. conbuildmat. 2021. 123663.

[9] HUANG C，HE W，LU B，et al. Study on Acoustic Emission and Coda Wave Characteristics of Layered Cemented Tailings Backfill under Uniaxial Compression [J/OL]. Minerals，2022，12（7）：896. DOI：10. 3390/min12070896.

[10] FU J，HAERI H，SARFARAZI V，et al. Investigating the effects of non-persistent cracks' parameters on the rock fragmentation mechanism underneath the U shape cutters using experimental tests and numerical simulations with PFC2D [J]. Structural Engineering and Mechanics，2022，83（4）：495～513.

[11] 汪杰，宋卫东，付建新. 考虑节理倾角的岩体损伤本构模型及强度准则 [J/OL]. 岩石力学与工程学报，2018，37（10）：2253～2263. DOI：10. 13722/j. cnki. jrme. 2018. 0496.

[12] 刘嘉伟，黄明清，陈霖，等. 缓倾斜破碎矿体集群式液压支柱护顶空场嗣后充填采矿法研究 [J/OL]. 矿业研究与开发，2022，42（8）：1～6. DOI：10. 13827/j. cnki. kyyk. 2022. 08. 012.

[13] 唐亚男. 深部缓倾斜破碎金矿体顶板失稳机制及控制技术 [D/OL]. 北京：北京科技大学，2021.

［14］余昕，曹帅，李正灿，等. 缓倾斜破碎薄矿体高效采矿技术及应用［J］. 黄金，2018，39
（3）：31～35.

［15］徐刚. 基于模糊评判法的采矿方法优化设计［J/OL］. 科技与创新，2021（19）：155～
156. DOI：10.15913/j.cnki.kjycx.2021.19.068.